普通高等教育"十三五"规划教材

安全工程制图

蒋仲安　王亚朋　张国梁　编著

北　京

冶金工业出版社

2020

内 容 简 介

　　本书是在工程制图的基础上结合安全工程专业的特点编写而成，主要内容包括制图的基本知识、标高投影、钢结构图、钢筋混凝土结构图、建筑制图、通风管道工程图、通风除尘系统图、通风防排烟系统图和地下建筑通风系统图等。本书采用最新国家标准，内容上着眼于安全工程制图的基本知识和要求，力图培养学生的绘图和读图能力。

　　本书可作为高等院校安全工程专业相关课程的教材或教学参考书，也可供从事安全工程专业的工程技术人员参考。

图书在版编目（CIP）数据

安全工程制图/蒋仲安，王亚朋，张国梁编著 . —北京：冶金工业出版社，2020. 9

普通高等教育"十三五"规划教材

ISBN 978-7-5024-8579-5

Ⅰ.①安…　Ⅱ.①蒋…　②王…　③张…　Ⅲ.①工程制图—高等学校—教材　Ⅳ.①TB23

中国版本图书馆 CIP 数据核字（2020）第 151889 号

出 版 人　陈玉千
地　　　址　北京市东城区嵩祝院北巷 39 号　邮编　100009　电话　(010)64027926
网　　　址　www.cnmip.com.cn　电子信箱　yjcbs@cnmip.com.cn
责任编辑　俞跃春　杜婷婷　美术编辑　吕欣童　版式设计　禹　蕊
责任校对　李　娜　责任印制　禹　蕊
ISBN 978-7-5024-8579-5

冶金工业出版社出版发行；各地新华书店经销；北京印刷一厂印刷
2020 年 9 月第 1 版，2020 年 9 月第 1 次印刷
787mm×1092mm　1/16；16 印张；388 千字；246 页
58.00 元

冶金工业出版社　投稿电话　(010)64027932　投稿信箱　tougao@cnmip.com.cn
冶金工业出版社营销中心　电话　(010)64044283　传真　(010)64027893
冶金工业出版社天猫旗舰店　yjgycbs.tmall.com
　　　　　（本书如有印装质量问题，本社营销中心负责退换）

前　　言

　　随着人类物质文明的发展，国家、社会和个人的安全意识逐步加强。安全工程的目的是保护人的生命安全以及在生产活动中的身心健康，保护设备、财产和环境等不受或少受损害，使生产能安全、稳定、顺利地进行，以提高经济效益。而与安全工程相关的构筑物、设施和设备在现场实施过程中，都必须有工程技术人员，按照国家标准统一规定或习惯画出它的图样，交给施工人员进行施工。

　　目前出版的《工程制图》教材种类很多，有各高等院校本科生通用的教材，也有适合不同专业方向的《环境工程制图》《土木工程制图》和《道路工程制图》等，而适合安全工程专业的工程制图方面的图书很少，因此，根据安全工程专业的培养目标、教学计划和基本教学要求，编写了本书。

　　本书参考了相关教材、文献和资料，结合最新的国家制图标准及内容，总结多年安全工程专业的教学实践编写完成，适合安全工程专业的制图课程教学。本书坚持少而精的原则，侧重于工程制图的基本知识和要求，选用典型的施工图纸和图例，力求培养学生的绘图和读图能力。

　　本书在编写过程中，参阅了许多文献资料，谨向有关参考文献的作者表示衷心感谢！

　　由于作者水平所限，书中不妥之处，恳请读者批评指正。

作　者

2020 年 6 月

目　　录

1 绪　论

1.1　本课程的性质和地位

本课程是安全工程专业必修的一门技术基础课，安全工程相关的构筑物、设施和设备在现场实施过程中，都必须有工程技术人员，按照国家标准统一规定或习惯画出它的图样，交给施工人员进行施工。这些图纸包括构筑与安全工程有关的任何建筑物及其构件、设备的形状、大小和做法的图样，其内容不是用语言或文字能表达清楚的。安全工程制图以机械制图为基础，结合安全工程专业的特点，研究安全工程图样的表达和识读方法，以及规范制作图样的课程。

本课程的主要内容有制图的基本知识、标高投影、钢结构图、钢筋混凝土结构图、建筑制图、通风管道工程图、通风除尘系统图、通风防排烟工程图和地下室通风系统图等。

1.2　本课程的研究对象

工程上以投影原理为基础，按国家规定的制图标准绘制的表示物体形状、大小和结构的图，称为图样。工程图学以图样为研究对象，包括画法几何和工程制图。画法几何是研究运用投影法绘制工程图样的理论基础，被称为研究"工程语言"的语法；工程制图课程的开展是培养工程技术人员正确和熟练地看图和画图的能力。

工程图样中注有必要的生产、安装、使用和维护等技术说明与要求，是机械制造、土木、环境、安全和建筑等工程中的重要技术文件。在生产和科学实验中，设计者用图样表达设计的对象，制造、加工和施工者从图样中了解设计要求并加工产品。另外，在工程界，图样也是用来表达设计构思、进行技术交流的重要工具。因此，工程图样被喻为"工程界的语言"，也是高等理工科院校学生应掌握的三门语言（外语、计算机语言和工程语言）之一，是研究设计、绘制和阅读工程图样的原理和方法的一门技术基础课，它是培养学生运用尺规绘图、徒手绘草图和计算机绘图等方法进行创造性形体设计、表达工程设计思维能力的一门学科。

1.3　本课程的主要任务

本课程的主要任务是解决平面图样（二维）与空间实体（三维）相互转换的矛盾，具体有以下几项：

（1）培养正确运用投影法的图示能力。

（2）培养对三维形状与相关位置的空间逻辑思维和形象思维能力。

（3）掌握有关 ISO、国家制图标准，培养能熟练查阅有关标准的能力。

（4）培养尺规绘图和徒手绘图的能力。

（5）培养绘制和阅读工程图样的初步能力。

（6）培养学生的自学能力，提高分析问题、解决问题的能力。

（7）培养耐心细致的工作作风和认真负责的工作态度，提高创造能力和审美能力。

1.4　本课程的学习方法

工程图学课程是一门既重理论，也重实践的课程，体现了知识与能力的交融。实践性主要体现在学生通过课程学习，培养徒手画图能力、尺规绘图能力和创新能力。必须通过绘图和读图的实践才能使学生较好地掌握课程的内容，训练和提高空间想象能力。

（1）安全工程制图是一门实践性很强的课程，必须注重理论联系实际，细观察、多思考、勤动手、掌握正确的读图、画图的方法和步骤，提高绘图技能。

（2）充分理解和掌握基本概念、基本原理和基本作图方法。利用正投影原理，加强对几何体、组合体、零配件的感性认识。按投影规律作图与空间想象结合，发展空间形象思维能力。

（3）要勤学、勤思、勤练习，及时完成作业，要学会阅读其他参考书，要总结本课程的有关规律与特点，主动培养自学能力和创造能力。

（4）养成一丝不苟的认真作风。工程图样是施工的主要依据，如有一字一线的差错，就可能给施工带来严重后果，因此，从初学制图开始，就应该养成一丝不苟的工作作风。在制图时，不但要作图正确，而且要严格遵守国家的有关标准。图面应清晰、美观，图上的一字一线都不得马虎从事。

（5）必须熟练地掌握各种绘图工具的使用方法。要逐步提高绘图速度，达到又好又快的绘图要求，除了掌握投影理论、熟悉国家有关的标准外，还必须熟练掌握各种绘图工具及其相互配合使用的方法。在绘图前，应先根据图样的特点，参照示例，拟定作图步骤，然后逐步完成。

（6）从画图入手培养读图能力，工程图样表达的对象样式繁多，在学习过程中，首先要明确表达对象的图示内容与特点、绘图方法与步骤，然后再进行画图实践。只有通过一定数量的画图练习，才能逐步提高读图能力。

（7）根据物体的多面正投影图想象出它的形状和大小进行读图。阅读工程图样，一般是从全局到细部，即先对图样做概括了解，弄清各视图的作用和它们之间的关系，再分析细部构造，最后加以综合。这样反复进行，直至彻底读懂为止。

2 制图的基本知识

2.1 国家标准有关制图方面的一些规定

安全工程制图是表达安全工程设计思想的重要技术资料文件，也是工程实施的主要依据。为适应生产需要和技术交流，作为工程技术语言的图样，必须有统一标准，使制图规格、制图方法统一化，以提高制图效率，满足设计、施工、生产、存档和各种出版物的要求，国家质量技术监督局颁布了一系列有关制图的国家标准（简称"国标"，或"GB"）。本课程将介绍我国国家标准中的《技术制图　图纸幅面和格式》（GB/T 14689—2008）、《技术制图　标题栏》（GB/T 10609.1—2008）、《技术制图　明细栏》（GB/T 10609.2—2008）、《技术制图　比例》（GB/T 14690—1993）、《技术制图　字体》（GB/T 14691—1993）、《技术制图　图线》（GB/T 17450—1998）和《房屋建筑制图统一标准》（GB/T 50001—2017）等。

2.1.1 图纸幅面和规格

2.1.1.1 图纸幅面尺寸

图纸幅面是指图纸宽度和长度组成的画面。绘制技术图样时，应优先采用表 2-1 规定的基本幅面，必要时也可以选用图 2-1 规定的加长幅面，这些幅面的尺寸是由基本幅面短边成整数倍增加后得出的。图 2-1 中的粗实线所示为表 2-1 规定的基本幅面（第一选择），细实线为第二选择的加长幅面，虚线所示为第三选择的加长幅面。

表 2-1　图纸幅面　　　　　　　　　　　　　　　　（mm）

幅面代号	A0	A1	A2	A3	A4	A5
$B \times L$	841×1189	594×841	420×594	297×420	210×297	148×210
c			10		5	
a				25		
e		20			10	

2.1.1.2 图框格式

图框是指图纸上限定绘图区域的线框。图框线为粗实线，其规格为不留装订边和留有装订边两种，但同一产品图样只能采用一种格式。两种格式如图 2-2（不留装订边的图纸）和图 2-3（留装订边的图纸）所示，尺寸按表 2-1 的规定画出。

2.1.1.3 标题栏

图纸的标题栏简称图标，用来填写设计单位、工程名称、图名、图纸编号、比例、设计者和审核者等内容。它应位于图纸的右下角。作业用的标题栏建议采用图 2-4 所示的格式和尺寸。

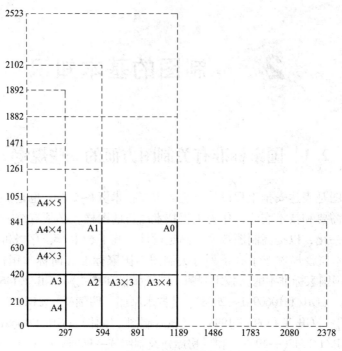

图 2-1 图纸幅面

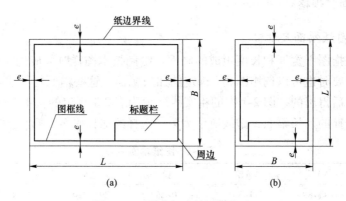

图 2-2 不留装订边的图框格式
（a）横式；（b）立式

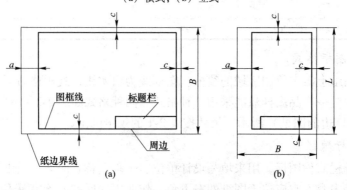

图 2-3 留装订边的图框格式
（a）横式；（b）立式

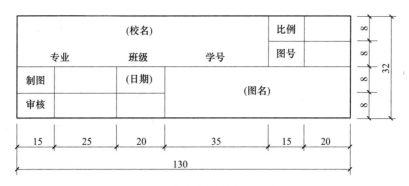

图 2-4 标题栏的格式和尺寸

2.1.2 比例

2.1.2.1 基本概念

图样的比例是指图形与其实物相应要素的线性尺寸之比。它有三种情况：比值为 1 的比例（即 1：1），称为原值比例；比值大于 1 的比例（如 2：1 等），称为放大比例；比值小于 1 的比例（如 1：2 等），称为缩小比例。在安全工程图、环境工程图和建筑施工图中一般用的都是缩小比例。所谓比例的大小是指其实际比值的大小，如 1：50 的比例大于 1：100 的比例。

2.1.2.2 比例系列

需要按比例绘制图样时，应由表 2-2 规定的系列中选取适当的比例。必要时也允许选取表 2-3 规定系列中的比例。

表 2-2 常用比例系列

种类	比例		
原值比例	1：1		
放大比例	5：1	2：1	
	5×10^n：1	2×10^n：1	1×10^n：1
缩小比例	1：2	1：5	1：10
	1：2×10^n	1：5×10^n	1：1×10^n

表 2-3 可用比例系列

种类	比例				
放大比例	4：1		25：1		
	4×10^n：1		2.5×10^n：1		
缩小比例	1：1.5	1：2.5	1：3	1：4	1：6
	1：1.5×10^n	1：2.5	1：3×10^n	1：4×10^n	1：6×10^n

注：表 2-2 和表 2-3 中 n 为零或正整数。

2.1.2.3 标注方法

（1）比例符号以"："表示，如 1：1、1：100 等。

（2）比例一般应标注在标题栏中的比例栏内。必要时，可在视图名称的下方或右侧标注比例，如：

$$\frac{1}{2:1} \qquad \frac{A\,向}{2:1} \qquad \frac{墙板位置图}{1:200} \qquad \frac{平面图}{}\,1:1000$$

必要时，允许同一视图中的铅垂和水平方向采用不同的比例，

如：河流横断面　　铅垂方向 1 : 1000
　　　　　　　　　　水平方向 1 : 2000

必要时，图样（如地形图等）的比例可采用比例尺的形式。一般可在图样中的水平或铅垂方向加画比例尺。

2.1.3　字体

为了使图样中的字体整齐、美观、清楚、易认，所有的汉字、数字、字母等书写时，都必须做到字体端正，笔画清楚、排列整齐、间隔均匀。图纸上的文字、数字、字母、符号等用黑墨水书写为宜。

图上的汉字应写成长仿宋体，并采用国家正式公布的简化字。

字体的号数即字体的高度（h），其公称系列为 2.5mm、3.5mm、5mm、7mm、10mm、14mm、20mm（汉字的字高，应不小于 3.5mm；拉丁字母、阿拉伯数字或罗马数字的字高，应不小于 2.5mm）。

汉字，宜写成长仿宋体字，其字宽为 $h/2$。

字母和数字，分别为 A 型和 B 型。A 型字体的笔画宽度（d）为字高（h）的 1/14，B 型字体的笔画宽度（d）为字高（h）的 1/10，在同一张图样中只允许选用一种形式的字体。

图 2-5 是常用部分字体的示例。

10 号字：

字体工整　笔画清楚　间隔均匀　排列整齐

7 号字：

横平竖直　注意起落　结构均匀　填满方格

5 号字：

技术制图机械电子汽车舱空船舶土木建筑矿山井坑港口纺织服装

(a)

A 型斜体：

A 型直体：

(b)

A 型大写斜体:

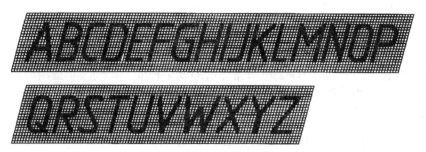

A 型小写斜体:

A 型大写正体:

A 型小写正体:

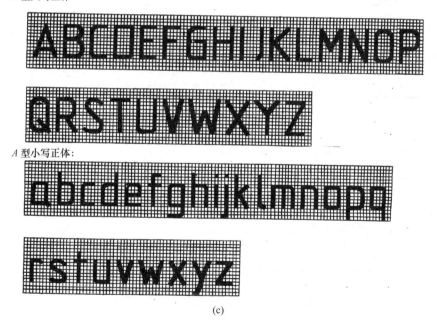

(c)

图 2-5　长仿宋体、字母、数字示例

（a）长仿宋体汉字示例；（b）阿拉伯数字示例；（c）拉丁字母示例

2.1.4　图线

在绘制工程图中线条时，为了表示图中的不同内容，并能分清主次，需使用不同的线型和不同粗细的图线，应遵循《技术制图　图线》（GB/T 17450—1998）的规定画法。

2.1.4.1　图线的尺寸

所有线型的图线宽度（b）应按图样的类型和尺寸大小在下列数系中选择：

0.18mm、0.25mm、0.35mm、0.5mm、0.7mm、1.0mm、1.4mm、2.0mm；粗线、中粗线和细线的宽度比率为4∶2∶1.4。应根据图形的复杂程度、比例大小选用恰当的线宽组。在同一张图纸内，当比例相同时应选用相同的线宽组。

2.1.4.2　图线的形式及用途

手工绘制安全工程图样和CAD计算机制图中常见的基本线型见表2-4，除了折断线和波浪线外，每种类型的图线又分粗、中、细三种不同的线宽。在工程制图中不同类型图线的用途见表2-5。

表 2-4　工程制图图线要求

代码	基 本 线 型	名 称
01	——————————	实线
02	— — — — — — —	虚线
03	—— —— —— ——	间隔划线
04	—·—·—·—·—·—·	点划线
05	—··—··—··—··	双点划线
06	—···—···—···	三点划线
07	··················	点线
08	— — — — —	长划短划线
09	— - — - — - — -	长划双短划线
10	—·—·—·—·—·	划点线
11	—·—·—·—·—·	双划单点线
12	—··—··—··—··	划双点线
13	—··—··—··—··	双划双点线
14	—···—···—···	划三点线
15	—···—···—···	双划三点线

表 2-5　不同类型图线的线型、线宽及用途

名 称		线 型	线宽	一 般 用 途
实线	粗	——————	b	主要可见轮廓线
	中	——————	$0.5b$	可见轮廓线
	细	——————	$0.25b$	可见轮廓线，图例线等
虚线	粗	- - - - - -	b	见有关专业制图标准
	中	- - - - - -	$0.5b$	不可见轮廓线
	细	- - - - - -	$0.25b$	不可见轮廓线，图例线等

续表 2-5

名　称		线　型	线宽	一　般　用　途
点划线	粗		b	见有关专业制图标准
	中		$0.5b$	见有关专业制图标准
	细		$0.25b$	中心线，对称线等
双点划线	粗		b	见有关专业制图标准
	中		$0.5b$	见有关专业制图标准
	细		$0.25b$	假想轮廓线，成型前原始轮廓线
折断线			$0.25b$	断开界线
波浪线			$0.25b$	断开界线

图纸的图框线和标题栏线，可采用表 2-6 的线宽。

表 2-6　图框线和标题栏线的宽度　　　　　　　　　　（mm）

幅面代号	图框线	标题栏外框线	标题栏分格线会签栏线
A0、A1	1.4	0.7	0.35
A2、A3、A4	1.0	0.7	0.35

2.1.4.3　画线时注意事项

（1）同一图样中同类图线的宽度应一致，虚线、点圆线等不连续线的画法和间隔应相等。

（2）在较小的图形上绘制点划线和双点划线有困难时可用细实线代替。

（3）绘制圆的中心线时，圆心应为线段的交点；点划线和双点划线的首末两端应是线段而不是短划线。

（4）虚线与虚线交接或虚线与其他图线交接时，应是线段交线。虚线为实线的延长线时不得与实线相连。

（5）图线不得与文字、数字或符号重叠、混淆，不可避免时应首先保证文字等的清晰。

要正确地画好一张图，除考虑线型的选用外，还要注意图线相交，表 2-7 中是图线相交的正误对比。

表 2-7　图线相交的正误对比

名　称	举　例	
	正　确	错　误
实线相交	（相交处要整齐）	（相交处有空隙不整齐）
实线与虚线相交	（相交处在短划线） （延长处在空隙）	（相交处有空隙） （延长处在短划线）

续表 2-7

名　　称	举　　例	
	正　确	错　误
实线与点划线相交	（相交处在线段）	（相交处有空隙）
两虚线相交	（相交处在短划线）	（相交处有空隙）
虚线与点划线相交	（相交处在线段）	（相交处有空隙）
两点划线相交	（相交处在线段）	（相交处有空隙）
实线圆与中心线相交 （圆直径小于 12mm 时 经细实线作中心线）	（相交处在线段）	（相交处有空隙）

2.1.5　尺寸标注

图样除了画出形体的形状外，还必须遵照国家标准准确、详尽、清晰地标注出形体的实际尺寸，以确定其真实大小。标准主要有：《机械制图　尺寸注法》（GB/T 4458.4—2003）、《技术制图　简化表示法　第二部分：尺寸注法》（GB/T 16675.2—2012）和《技术制图　图样画法　未定义形状力的术语和注法》（GB/T 19096—2003）等。

安全工程图样仅表示构筑物或者设备的形状，而真实大小则由图样上标注的实际尺寸确定。尺寸大小与比例和图幅等其他因素无关，所有标注的尺寸都应当是实际大小，也就是说不论图形放大或缩小，工程图样中的尺寸仍按实际尺寸注写。图样上标注的尺寸由尺寸界线、尺寸线、尺寸起止符号和尺寸数字 4 个部分组成，如图 2-6 所示。机械制图中机件的每一尺寸，一般只标注一次，并应在反应该结构最清晰的图形上。尺寸注法的基本规则见表 2-8。

（1）尺寸界线。采用细实线绘制，一般应与被标注长度垂直，其一端应离开图样轮廓线不小于 2mm，另一端宜超出尺寸线 2~3mm。必要时，图样轮廓线、中心线及轴线都允许用作尺寸界线。

（2）尺寸线。采用细实线绘制，并应与被标注的长度平行，且不宜超出尺寸界线，尺寸线必须单独绘制，不能与其他图线重合。

（3）尺寸起止符号。用来表示尺寸线与尺寸界线的相交点，也就是尺寸的起止点。在起止点处画出表示尺寸起止的中粗斜短线，称为尺寸的起止符号。中粗斜短线的倾斜方向

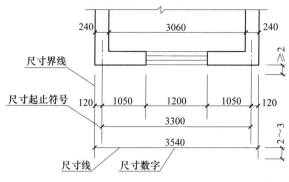

图 2-6 尺寸的组成

表 2-8 常用尺寸标注方式

标注目标	标注方式		示意图
	标注符号	标注要点	
半径	R	半圆或小于半圆的圆弧应标注半径，半径的尺寸线应一端从圆心开始，另一端面箭头指至圆弧	
直径	ϕ	圆或大于半圆的圆弧应标注直径，在圆内标注的直径尺寸线应通过圆心，两端面箭头指至圆弧	
球半径	SR	标注球的半径尺寸	
球直径	$S\phi$	标注球的直径尺寸	
薄板厚度	δ	在薄板板面标注板厚尺寸时，应在厚度数字前加厚度符号	
坡度	或	在标注坡度时，应加注坡度符号，坡度数字置于符号之上，坡度符号指向下坡方向	

续表 2-8

标注目标	标 注 方 式		示 意 图
	标注符号	标注要点	
正方形	□	标注正方形尺寸可使用正方形符号	
角度		标注角度时，应以角的两个边作为尺寸界线，尺寸线画成圆弧，其圆心就是该角度的顶点。角度的起止符号应以箭头表示，如没有足够位置画箭头，可用圆点代替。角度数字应一律水平方向注写，并在数字的右上角相应地画上角度单位度、分、秒的符号	
弧长		标注圆弧的弧长时，尺寸线应以与该圆弧同心的圆弧线表示，尺寸界线应垂直于该圆弧的弦，起止符号应以箭头表示，弧长数字的上方应加注圆弧符号	
弧长		标注圆弧的弦长时，尺寸线应以平行于该弦的直线表示，尺寸界线应垂直于该弦，起止符号应以中粗斜短线表示	

应与尺寸界线成顺时针 45°角，长度宜为 2~3mm。半径、直径、角度、弧长的尺寸起止符号宜用箭头表示。如图 2-7 所示。

（4）尺寸数字。在安全工程制图中，一律用阿拉伯数字标注工程形体实际尺寸，它与绘图所用的比例无关。图样中（包括技术要求和其他说明）的尺寸以 mm 为单位（建筑制图中的标高及总平面图以 m 为单位）时，不需标注计量单位的代号或名称，如采用其他单位则必须注明。

图 2-7　箭头尺寸
起止符号

2.1.6　常用建筑材料图例

建筑物或工程构筑物按比例缩小画在图纸上，对于有些建筑细部形状，以及所用的建筑材料，往往不能如实画出，则画上统一规定的图例，无需用文字来注释。图 2-8 只列举出常用的几种建筑材料断面图例，其他图例详见有关章节及国标《房屋建筑制图统一标准》。

绘制常用建筑材料的图例时，应注意下列事项：

（1）图例线应间隔匀称，疏密适度，做到图例正确、表示清楚。

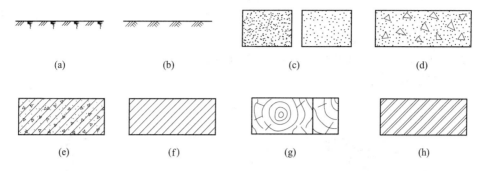

图 2-8　常用建筑材料图例

（a）自然土壤；（b）夯实土壤；（c）砂、灰土粉刷；（d）混凝土；

（e）钢筋混凝土；（f）砖砌体；（g）木材；（h）金属

（2）同类材料，但品种不同而使用同一图例时（如不同的混凝土、不同的砖、不同的木材、不同的金属等），应在图上附加必要的说明。

（3）一张图纸内的图样，只用一种建筑材料时，可不画建筑材料图例，但应加文字说明。

（4）图形小而无法画出建筑材料图例时，可不画建筑材料图例，或者全部涂黑，如图 2-9 所示，两者均应加以文字说明；两个相邻的涂黑图例，中间应留有空隙，其宽度不得小于 0.7mm。

（5）面积过大的建筑材料图例，可在断面轮廓线内沿轮廓线局部表示，如图 2-10 所示。

图 2-9　相邻涂黑图例的画法　　　　　　　　图 2-10　局部表示图例

（6）两个相同的图例相接时，图例线宜错开或倾斜方向相反，如图 2-11 所示。

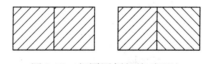

图 2-11　相同图例相接时画法

2.2　绘图仪器及工具的使用与维护

要保证绘图的质量和速度，必须了解各种常用绘图工具和仪器结构、性能、正确使用方法和维修保养方法。

2.2.1　铅笔

绘图铅笔有木杆和活动铅笔两种。铅芯的软硬程度分别以字母 B、H 前的标号数值表示。字母 B 前的数字越大表示铅芯越软，字母 H 前的数字越大表示铅芯越硬。标号 HB 表示软硬适中。画底稿线时常用 H 或 HB，加粗加深图线时常用 B，写字时宜用 HB。削木杆铅笔时不要削有标号的一端，笔尖应削成锥形，铅芯外露 6~8mm，如图 2-12 所示。

用铅笔画线时，用力要均匀，画长线时要边画边转动笔杆，使图线粗细匀称。画线时沿走笔方向笔身所属平面应垂直于纸面，笔身可向走笔方向倾斜约 60°，如图 2-13 所示。

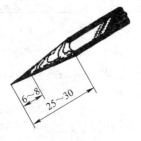

图 2-12　铅笔的削法

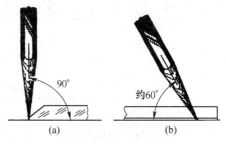

图 2-13　铅笔的用法
（a）从侧面看；（b）从正面看

2.2.2　图板

图板板面应平坦光洁，硬木工作边要平直。图板大小有各种不同规格，根据需要来选定。画图时板面应与水平桌面成 10°~15° 倾斜。

2.2.3　丁字尺

丁字尺由互相垂直的尺头和尺身组成。丁字尺尺身的上侧带有刻度的工作边必须平齐光滑，不可用工作边来裁纸。丁字尺不用时，宜竖直悬挂，以防尺身弯曲变形或折断。丁字尺主要用来画水平线，不能沿尺身下侧画线。作图时左手把尺头靠紧图板左边，然后上下移动丁字尺，直至对准画线的位置，再自左至右画水平线。画较长水平线时，用左手按住尺身，以防尺尾翘起和尺身摆动。

2.2.4　三角板

一副三角板有 30°×60°×90° 和 45°×45°×90° 两块。三角板除了直接用来画直线外，主要是配合丁字尺画铅垂线和画 30°、60°、90° 及 15° 及其倍数角的斜线。画铅垂线时应自下而上画。

2.2.5　比例尺

比例尺可用来缩小（也可以放大）线段长度时用。比例尺的 3 个棱面上刻有 6 种不同比例的刻度，即 1∶100、1∶200、1∶300、1∶400、1∶500、1∶600。比例尺上的数字以 m 为单位，当确定了某一比例后，可以不用计算，直接按照尺面所刻的数值，截取或读出实际线段在比例尺上所反映的长度。

在机械制图中，1∶100 可当作 1∶1 使用，此时每一小格的刻度为 1mm；1∶200 可当作 1：2 使用，此时每一小格的刻度为 2mm。

2.2.6　圆规和分规

圆规和分规用来画圆和圆弧。圆规的一腿装有带台阶的小钢针，用来定圆心；另一腿可装上铅芯插脚、鸭嘴笔插脚、擦笔杆（画大圆用）和钢针（当分规用）。画图时应先检查两脚是否等长。当针尖插入图板后，钢针的台阶应与铅芯尖端平齐，外侧面宜磨成约 65°的斜面，如图 2-14 所示。

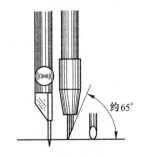

画图时应使笔尖与纸面垂直，用右手转动圆规手柄，均匀地沿顺时针方向一笔画完。画较大圆时，可将圆规两插杆弯曲到与纸面垂直来画圆。画直径在 10mm 以下的圆，常用点圆规来画。

图 2-14　圆规的针尖与铅芯

2.2.7　曲线板

曲线板用来画非圆曲线。首先要定出曲线上足够数量的点，再徒手将各点连成曲线，然后选择曲线板上曲率相吻合的部分分段画出各段曲线，注意应留出各段曲线末端的一小段不画，作连接下一段曲线之用，曲线才显得圆滑，如图 2-15 所示。

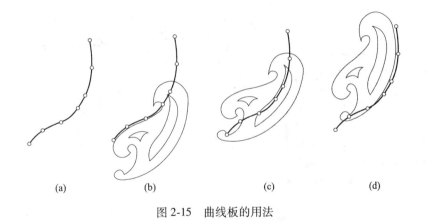

（a）　　　　　（b）　　　　　（c）　　　　　（d）

图 2-15　曲线板的用法

2.2.8　鸭嘴笔和针管笔

鸭嘴笔和针管笔都是描图上墨的画线工具。鸭嘴笔笔尖的螺针用来调整两片间距离，以决定墨线的粗细。用吸管或蘸水笔往两钢片间加墨水，每次加墨水高度约 4~5mm。执笔画线时，笔杆向画线方向倾斜 30°左右（图 2-16）。画线要均匀用力，下笔和抬笔时速度要稍快些，以保持线条的均匀。

针管笔由塑料笔杆、储水器和引流针组成的笔头，圆规插脚套和笔帽等部分组成（图 2-17）。针管笔能像普通钢笔那样吸储墨水，用不同规格管径的笔可描出不同粗细（0.2~1.2mm）的直线和曲线。针管笔只能选用碳素墨水，使用时要注意保持笔尖清洁，长久不用时，应将针管内的黑水冲洗干净，以免墨水干结堵塞笔头。

图 2-16　鸭嘴笔的用法

图 2-17　针管笔

2.2.9　擦图片和绘图模板

擦图片用于擦除图纸上多余或需要修改的部分，避免擦除有用的部分。擦图片通常是由金属或胶片制成，其形状如图 2-18（a）所示。

绘图模板是供专业人员使用的专用模板，如建筑模板、水利模板、给水排水模板、虚线模板及画各种轴测图的轴测模板等。建议学生在学习期间，参照图 2-18（b）用胶片自制模板，以供画图之用。

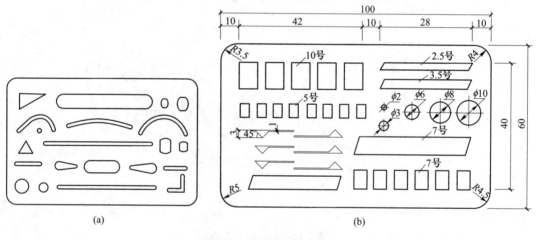

图 2-18　擦图片和绘图模板
（a）擦图片；（b）绘图模板

2.3　徒手画图

2.3.1　徒手画图的用途

不借助仪器，而以目测估计图形与实际的比例，按一定的画法要求徒手绘制的图称为草图。工程技术人员在调查研究、搜集资料阶段，通常要测量实物，徒手画出草图为制定技术文件提供原始资料；在设计构思阶段，往往需先画出草图以表达初步设计方案，方案经修改确定后，再用仪器或计算机画正规图；在仿制或修理机器测绘时，因受现场条件限制，也需要绘制草图。草图是技术人员交谈、记录、创作、构思的有力工具，是工程技术人员必须学习和掌握的基本技能。

2.3.2 徒手画图的方法

徒手画图时，草图中的线条也要粗细分明、基本平直、方向正确、长短大致符合比例、线型符合国家标准。初学徒手画图时，宜在方格纸上进行，以便训练图线画得平直和借助方格来确定图形的比例。

画草图的铅笔应软一些，如 B、2B，铅笔要削长一些，笔芯要圆滑些，手持笔的位置要高一些，手臂各关节要放松，手腕要灵活，注意手眼并用，图线的走向、长短都要靠眼睛来估计决定。画线时笔随眼走，即眼睛要看着画线的终点，使笔尖向着要画的方向移动。

2.3.2.1 直线的画法

画直线时，可先标出直线的两端点，然后执笔悬空沿直线方向试比划一下，掌握好方向和走势后再落笔画线。画较长斜线时，为了运笔方便，可将图纸转过一个适当角度成为水平线后再画。画 45°、30°、60°的斜线可按图 2-19 所示方法画出。

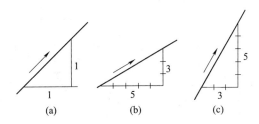

图 2-19 特殊角的斜线画法

（a）45°；（b）30°；（c）60°

2.3.2.2 圆和椭圆的画法

画圆时，应过圆心先画中心线，再根据半径大小，用目测估计在中心线上定出 4 点，然后过这 4 点画圆，如图 2-20（a）所示；对较大的圆，可过圆心画两条 45°斜线，在斜线上也定出 4 个点，然后过这 8 点画圆，如图 2-20（b）所示。

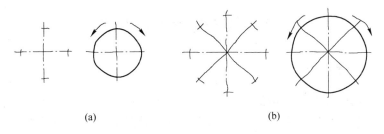

（a）　　　　　　　　　　　（b）

图 2-20 徒手画圆的方法

（a）徒手画小圆；（b）徒手画大圆

椭圆的徒手画法如图 2-21 所示。

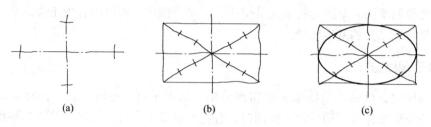

图 2-21　椭圆的徒手画法

（a）在椭圆的长短轴上定椭圆的端点；（b）画椭圆外切矩形将矩形的对角线六等分；

（c）过长短轴端点和对角线靠外等分点画椭圆

2.3.2.3　平面图形的画法

尺寸较复杂的平面图形，要分析图形的尺寸关系，先画已知线段，再画连接线段，在方格线上画平面图形时，大圆的中心线和主要轮廓线应尽可能利用方格纸上的线条，图形各部分之间的比例可按方格纸上的格数来确定。图 2-22 为徒手在方格纸上画平面图形的示例。

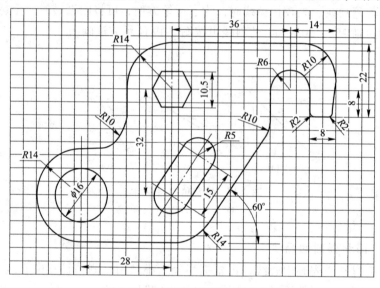

图 2-22　徒手画平面图形草图示例

2.4　制图的步骤和方法

2.4.1　绘图前的准备工作

（1）安排合适的绘图工作地点。绘图是一项细致的工作，要求绘图工作地点光线明亮、柔和，应使光线从左前方照来。绘图桌椅高度要配置合适，绘图时姿势要正确。

（2）准备必需的绘图工具，使用之前应逐件进行检查校正和擦拭干净，以保证绘图质量和图面整洁。各种绘图工具应放在绘图桌的适当地方，做到使用方便、保管妥当。

（3）根据需要绘图的数量和大小，按工程制图《国家标准》规定，选用绘图纸的幅面大小（即用哪一号图幅）。

（4）在画图板上铺定一张较结实而光洁的白纸（如道林纸），再把绘图纸固定在白纸上。图纸在图板上粘贴的位置尽量靠近左边（离图板边缘 3~5cm），图纸下边至图板边缘的距离略大于丁字尺的宽度，如图 2-23 所示。

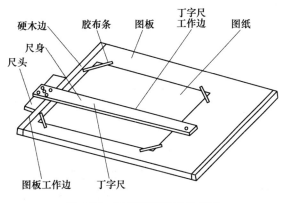

图 2-23　图板和丁字尺的布置

2.4.2　画底稿线

（1）任何工程图样的绘制必须先画底稿，再进行加深或描图。各个图形安排在图纸上要间隔均匀，不要使一部分太紧或另一部分太松。

（2）底稿线要轻而细，能够看得出即可，根据选定的比例，用 H~2H 铅笔打底稿，要经常磨尖铅芯。

（3）画图宜从中心线或主要轮廓线开始。

（4）底稿线必须认真画出，以保证图样的正确性和精确度。如发现错误，不要立即擦除，可用铅笔轻轻做上记号，待全图完成之后，再一次擦净，以保证图面整洁。

（5）画完底稿后，必须认真逐图检查，看是否有遗漏和错误的地方，经自己校对无误，才可上墨加深铅笔线。

2.4.3　上墨

一般需要长期保存和复制蓝图或复印图的图样要上墨，上墨的步骤如下：

（1）用直线笔画墨线，应将同一宽度的线条同时画出。在图纸上绘制前，应在与图纸相同的纸片上试画，直至与需要的粗细或图纸上已画的同类线条相同时，再画至图纸上。这样可以避免同样线条有粗细不均的缺点。

（2）先画所有的中心线，后画虚线。它们的次序是：

1）曲线。

2）圆或圆弧，先画大的。画圆时应一次画成，不可循环重复，造成圆弧发生粗细不均现象。遇到圆弧连接直线时，先画圆弧，后用直线去凑接圆弧。

3）水平直线，用丁字尺自左向右逐条画出。

4）垂直直线，三角板配合丁字尺，自下而上逐条画出。

5）倾斜线。

（3）注写尺寸数字和注解文字。

（4）画所有的细实线，次序同（2）。

（5）画其他线条及箭头。

（6）填写图标文字。

（7）再校对有无遗漏。

（8）注意几点：

1）墨线画完，应将笔立即提起，同时用左手将尺子移开。

2）画不同方向的线条必须等到干了再画。

3）灌墨水要在图板外面进行。

2.4.4　铅笔加深

底稿经过校对后，有的不需要长期保存的图或铅笔描图经过处理可以用来复制的，可用铅笔来加深。铅笔加深，不仅在各方面要和上墨图能达到同样的要求；而且加深的技术比上墨更困难些。

铅笔线加深的次序一般与上墨图相同，但是要注意最好能一部分一部分来完成，未画到的地方用白纸遮盖，以免弄脏。其他需注意的是：

（1）建议粗线条用 2B 来加深，细线条用 HB 来加深。

（2）特别要注意线型。往往在加深的图上，会发现粗线、细线画成一样，不分粗细的缺点。

（3）要注意线条必须画得光洁、浓黑。如果远看，几乎与上墨线图一样。

（4）画线条前必须很好考虑它的正确性，最好避免用橡皮擦。

（5）应特别注意图纸的清洁。避免工具作不必要的移动，使图纸搞脏。

（6）铅笔要经常磨光，尤其是画细线条的铅笔。

（7）画圆弧时，由于不能用很大的力，因此，要装上更软的铅芯。例如，画细线的圆弧用 2B，画粗线的圆弧用 4B，这些铅芯要从铅笔上削出，一般是买不到的。

2.4.5　描图

使用透明纸把原有的或其他图纸上起稿画成的图形依样描绘下来，这一工作叫做描图。描图的目的是使得画在透明纸上的底图能复制很多份数的蓝图，以满足施工或其他方面的需要。

描图应画在透明纸的光滑的一面上，并且勿使描图纸受到日晒和潮湿。描图工作按下列步骤进行：

（1）固定图纸。图纸最好用胶纸固定。

（2）纸面油质处理。图幅大的，用粗纸或软布擦去油质；图幅小的，用橡皮擦一下也可，这样线条容易画上。

（3）图纸的上墨次序。一般说来先画细线，后画粗线。因为这样可以避免先画粗线后容易马上使图纸发皱，而使以后画线困难，当然剖面线还是只能后画。至于线条本身的描绘次序和上墨次序相同。

（4）错线条的修改。错线条的修改，必须等图线干了后进行。在错线下面垫上三角板，并以锋利的刀片垂直图纸修括，再用橡皮擦净，以指甲磨实，然后再画正确线条。如果有些接头不平整或小的污点，则可单用刀片刮去即可。如果错线较短，则可先画上正确的线条，然后再刮去多余错误的线条。用橡皮时需配合擦图片，并要一个方向擦，以免撕破纸张。

复 习 题

2-1 何谓国家制图标准和图纸的图幅？

2-2 何谓图框的格式及要求？

2-3 图纸的标题栏主要内容是什么？

2-4 何谓图纸的比例？对比例的选取有何要求？

2-5 在绘制工程图时图线有何作用？

2-6 图样上一个完整的尺寸标注由几个部分组成？

2-7 在绘制建筑材料的图例时，应注意哪些事项？

2-8 常用的绘图仪器及工具有哪些？

2-9 尺规绘图的步骤有哪些？

3 标高投影

3.1 概　述

工程建筑物是在地面上修建的，在设计和施工中都要与地面发生关系，常常需要绘制表示地面起伏状况的地形图，以便在图纸上解决有关的工程问题。由于地面的形状比较复杂，长度方向尺寸和高度方向尺寸相差很大，用多面正投影法表示，作图困难，且不易表达清楚，因此，在生产实践中常采用标高投影法来表示地形面。

在多面正投影中，当物体的水平投影确定以后，其正面投影的主要作用是提供物体各特征点、线、面的高度。若能在物体的水平投影中标明它的特征点、线、面的高度，就可以完全确定物体的空间形状和位置。这种用水平投影和标注高度来表示形体形状的投影，称为标高投影。它是一种单面正投影图。

在标高投影图中，必须标明比例或画出比例尺，否则就无法根据单面正投影图来确定物体的空间形状和位置。

除了地形面以外，一些复杂曲面也常用标高投影法来表示。

3.2　点的标高投影

设点 A 位于已知的水平面 H 的上方5单位（图3-1（a）），点 B 位于 H 面下方3单位，点 C 在 H 面上，那么，在 A、B、C 的水平投影 a、b、c 之旁注上相应的高度值5、-3、0（图3-1（b）），即得点 A、B、C 的标高投影图。这时，5、-3、0等高度值，称为各该点的标高。通常以 H 面作为基准面，它的标高为零。高于 H 面的标高为正，但省去"+"

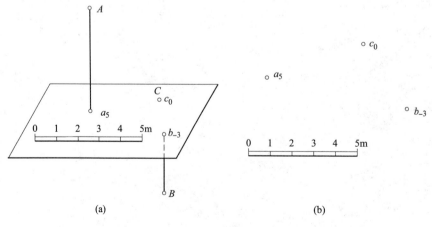

(a)　　　　　　　　　　　　　(b)

图3-1　点的标高投影

号；低于 H 面的标高为负，加注"–"号。为了实际应用方便起见，选择基准面时，最好使各点的标高都是正的。如果结合到地形测量，应以青岛市外黄海海水平面作为零标高的基准面。

根据标高投影图确定上述点 A 的空间位置时，可由 a_5 内引线垂直于基准面 H，然后在此线上自 a_5 起按一定比例尺往上量度 5 单位，得点 A。对于点 B，则应自 b_{-3} 起往下量度 3 单位。由此可见，在标高投影图中，要充分确定形体的空间形状和位置，还必须在标高投影图上附有一个比例尺，并注明刻度单位，如图 3-1 所示。由于常用的标高单位为米（m），所以，图上的比例尺一般略去 m 一字。在图 3-1（b）中，如果用所附比例尺丈量，即可知 A、B、C 任意两点间的实际水平距离。

3.3　直线的标高投影

3.3.1　直线的表示法

在标高投影中，直线的位置是由直线上的两个点或直线上一点及该直线的方向确定，因此，直线的表示方法有两种：

（1）直线的水平投影，并标注直线上两点的高程表示。如图 3-2（a）中倾斜直线 AB 和水平线 CD 的标高投影，可表示成图 3-2（b）中的 a_3b_4 和 c_3d_3。

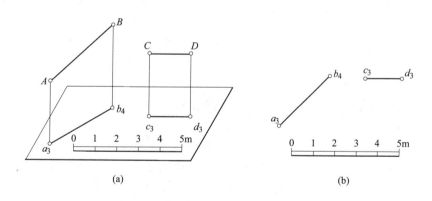

图 3-2　直线的表示法

（2）直线上一个点的标高投影，并标注直线的坡度和方向表示。如图 3-3 所示，箭头表示下坡方向。

3.3.2　直线的坡度和平距

3.3.2.1　直线的坡度

直线的坡度是指直线上两点的高差与其两点间水平距离之比，用符号 i 表示，即：

$$坡度(i) = \frac{高度(I)}{水平距离(L)} = \tan\alpha$$

当取水平距离为一个单位时，两点的高差值 I 即为坡度，如图 3-4（a）所示。

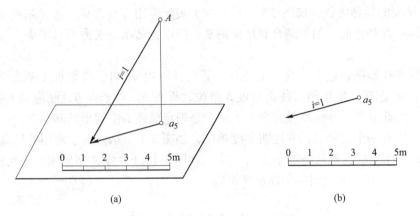

图 3-3　直线的表示法

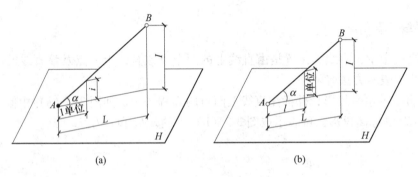

图 3-4　直线的坡度与平距

3.3.2.2　直线的平距

直线的平距是指两点水平距离与它们的高差之比，用符号 l 表示，即：

$$平距(l) = \frac{水平距离(L)}{高差(I)} = \cot\alpha = \frac{1}{i}$$

当取两点的高差为一个单位时，其水平距离 L 即为平距，如图 3-4（b）所示。
由此可知，坡度和平距互为倒数，坡度愈大，平距愈小；坡度愈小，平距愈大。

例 3-1　求图 3-5 中 AB 直线的坡度和平距，并求 C 点的
标高。

解：先求坡度和平距

$$I_{AB} = 24 - 12 = 12.0\text{m}$$

$$L_{AB} = 36.0\text{m}（用比例尺量得）$$

$$i = \frac{I_{AB}}{L_{AB}} = \frac{12}{36} = \frac{1}{3}; \quad l = \frac{1}{i} = 3$$

图 3-5　求直线的坡度、
平距及 C 的标高

用比例尺量得 $L_{AC} = 15.0$，因为直线上任意两点的坡度相
同。由

$$\frac{I_{AC}}{L_{AC}} = i = \frac{1}{3}; \quad I_{AC} = L_{AC} \times i = 15 \times \frac{1}{3} = 5.0\text{m}$$

故 C 点的高程为 $24-5=19m$，标为 C_{19}。

3.3.3 直线的实长和整数点标高

3.3.3.1 直线的实长

在标高投影中求直线的实长，仍然可以采用正投影中的直角三角形法，如图 3-6（a）所示，以直线的标高投影作为直角三角形的一条直角边，以直线两端点的高差作为另一直角边，用给定的比例尺作出后，斜边即为直线的实长。斜边和标高投影的夹角为直线对于水平面的倾角 α，如图 3-6（b）所示。

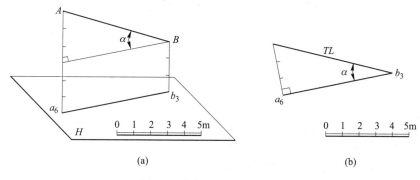

图 3-6　求线段的实长与倾角

3.3.3.2 直线上的整数点标高

在实际工作中，常遇到直线两端的标高投影的高程并非整数，需要在直线的标高投影上作出各整数标高点。

例 3-2　如图 3-7 所示，已知直线 AB 的标高投影 $a_{4.3}$、$b_{7.8}$，求直线上各整数标高点。

解：平行于直线 AB 作一辅助的铅垂面，采用标高投影比例尺作相应高程的水平线（水平线平行于 ab），最高一条为 8，最低一条为 4。根据 A、B 两点的高程在铅垂面上画出直线 AB，其与各整数标高的

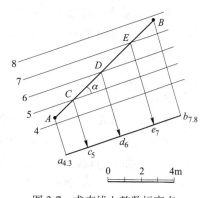

图 3-7　求直线上整数标高点

水平线交于 C、D、E 各点，自这些点向 $a_{4.3}b_{7.8}$ 作垂线，即得 c_5、d_6、e_7 各整数标高点。AB 反映实长，与水平线的夹角反映该线对于水平面的倾角，如图 3-7 所示。

3.4　平面的标高投影

3.4.1 平面的坡度和平距

3.4.1.1 平面上的等高线和最大坡度线

图 3-8 为一个平行四边形 $ABCD$ 表示的平面 P，图中 AB 位于 H 面上，是平面 P 与 H 面的交线 P_H。如果以一系列平行于基面 H 且相距为 1 单位的水平面截割平面 P，则得到 P

面上一组水平线 Ⅰ—Ⅰ、Ⅱ—Ⅱ 等，它们的 H 投影为 1—1、2—2 等，称为等高线。P_H 是平面 P 内标高为零的等高线。显然，同一平面的等高线互相平行，且间隔相等。由图 3-8 可知，平面内垂直于等高线（水平线）的直线为平面的最大坡度线，它的坡度即平面的坡度。因此最大坡度线的平距亦即平面的平距，它反映平面上高差为一个单位时，相邻等高线间的水平距离。

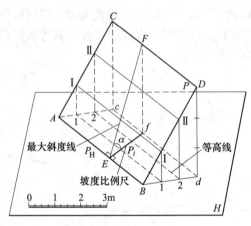

图 3-8　平面的标高投影

3.4.1.2　平面的坡度比例尺

将平面的最大坡度线的标高投影，按整数标高点进行刻度和标注，这就是平面的坡度比例尺。为了区别于直线的标高投影，规定平面的坡度比例尺以一粗一细的双线并标以"P_i"表示。

3.4.2　平面的表示法

3.4.2.1　用几何元素表示平面

由初等几何可知，平面可以用下列五种几何元素的投影来表示，如图 3-9 所示。

（1）不在同一直线上的 3 点，如图 3-9（a）所示；

（2）一条直线和线外的一点，如图 3-9（b）所示；

（3）两相交直线，如图 3-9（c）所示；

（4）平面图形，如图 3-9（d）所示；

（5）两平行直线，如图 3-9（e）所示。

以上 5 种表示平面的方式，是可以互相转换的，对同一平面来说，无论用哪一种方式表示，它所确定的平面是唯一的。

3.4.2.2　用标高投影表示平面

平面的标高投影，与正投影相同，可以用不同在一直线上 3 个点、一直线和线外一点、两相交直线或两平行直线等的标高投影来表示。但在标高投影中，还有另一些简化的特殊表示法，现说明如下：

（1）以一组平行线即平面内的等高线表示，如图 3-10（a）所示。

（2）以平面内一条等高线及其带箭头和坡度值的坡度线表示，箭头朝下坡方向，如图

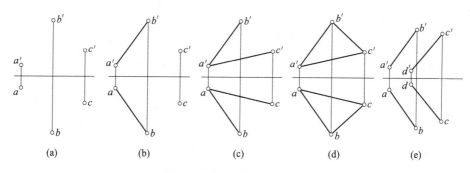

图 3-9 用几何元素表示平面

3-10（b）所示。

（3）以平面内的一条非等高线及该平面的坡度表示，如图 3-10（c）所示。这种情况下，坡度的方向尚未严格确定，故用带箭头的虚线或波折线表示，图中箭头的指向只是平面的大致下坡方向，准确方向可通过作图求得。

（4）以坡度比例尺表示，如图 3-10（d）所示。因为坡度比例尺的线段垂直于平面内的水平线，所以这种表示法与图 3-10（b）所示类同。

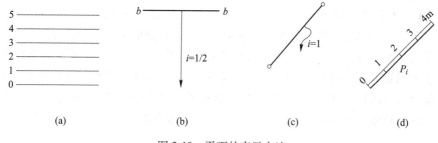

图 3-10 平面的表示方法

3.4.3 求作平面的等高线

在解决标高投影中的交线问题时，常常要在平面上做出一系列等高线。下面通过两个例题，介绍平面上等高线的做法。

例 3-3 如图 3-11（a）所示，已知 A、B、C 三点的标高投影 a_1、b_6、c_2。求由这三点决定的平面的平距和倾角。

分析：平面的平距及与基面的倾角就是平面上最大坡度线的平距和倾角。而平面的最大坡度线又垂直于平面内的等高线，所以本例要解决的问题，就是在平面上求作等高线。

作图：如图 3-11（b）所示。

（1）连接 3 点得三角形 $a_1b_6c_2$。

（2）分别求 a_1b_6 和 c_2b_6 两边上的整数标高点。

（3）连接相同整数标高点，即得平面上的等高线。

（4）过平面上任一点（如 b_6）作等高线的垂线（即最大坡度线），它的平距 l 即为平面的平距。

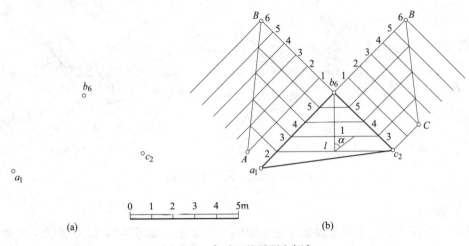

图 3-11　求平面的平距和倾角

（5）以平距为一直角边，以单位高差（即比例尺的单位长度）为另一直角边作直角三角形，即求得平面的倾角。

例 3-4　在图 3-12（a）所示的平面上，求作等高线。

分析：A 和 B 的高差是 $5-2=3$，若在整数标高处各做一条等高线，应做出 4 条。其中过 a_2 和 b_5 各有一条标高分别为 2 和 5 的等高线，它们之间的距离 L 应为该平面平距的 3 倍。而平面的平距 $l=1/i=1/0.5=2$，即 $L=3l=3\times2=6$。这就是等高线 5 到等高线 2 的水平距离。于是问题就变成过点 a_2 作等高线 2 与点 b_5 距离为 6。因此可按图 3-12（c）的思路解决：即以 b_5 为圆心，底圆半径为 6 作一高度等于 3 的正圆锥，则等高线 2 必为过 a_2 向锥底圆所做的切线。锥顶 B 与切点 K 的连线 BK，即为该平面的最大坡度线。

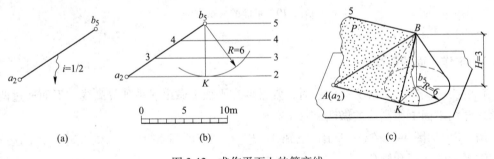

图 3-12　求作平面上的等高线

作图：如图 3-12（b）所示。

（1）以 b_5 为圆心，$R=6$ 为半径，在平面倾斜一侧画弧（R 应以图中比例量取）。

（2）过 a_2 向弧作切线，即得等高线 2。

（3）过各整数标高点 3、4、5 作等高线 2 的平行线，即得等高线 3、4、5。

3.4.4　求作平面的交线

两平面相交的交线可引用辅助平面的方法求得。在标高投影图中所引的辅助平面，最方便是引整数标高的水平面，如图 3-13 所示。这时，所引辅助平面与已知平面的交线，即分别是两已知平面上相同整数标高的等高线，它们必然相交于一点。引两个辅助平面，可得两个交点，连接起来，即得交线。

具体作图如图 3-13（b）所示。即在坡度比例尺 P_i 和 Q_i 上各引出两对相同标高（如 10 和 13）的等高线，它们的交点 a_{13} 和 b_{10} 的连线，即为交线的标高投影。

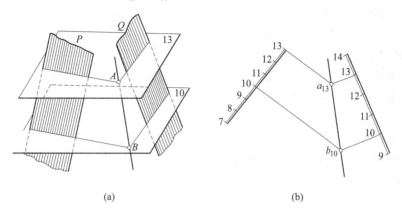

（a） （b）

图 3-13　求两平面的交线

例 3-5　求图 3-14（a）中所示 P、Q 二平面的交线。

分析：两平面的交线是两平面上同标高等高线交点所连的直线。从例题所给条件可知，两等高线 5 的交点 a_5 即为交线上的一点，根据 $l=2$（因为 $i=1/2$）可求出平面 P 的另一条等高线（如等高线 2），从而求出另一交点。

作图：如图 3-14（b）所示。

（1）延长 P 平面的等高线 5 与 Q 平面的等高线 5 交于 a_5。

（2）在 P 平面的坡度延长线上，按比量取 $L=2\times(5-2)=2\times3=6$，求得点 m。

（3）过 m 作 P 平面上的等高线 2 与 Q 面上等高线 2 交于点 b_2。

（4）连 a_5、b_2 为所求之交线。

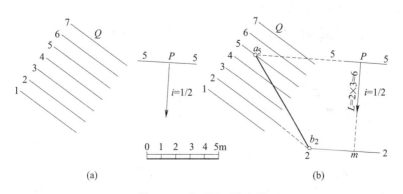

(a) (b)

图 3-14　求两平面的交线

在工程中，把建筑物相邻两坡面的交线称为坡面交线，坡面与地面的交线称为坡脚线（填方）或开挖线（挖方）。

例 3-6 已知主堤和支堤相交，顶面标高分别为3m和2m，地面标高为0m，各坡面坡度如图3-15（a）所示，试作相交两堤的标高投影图。

分析：作相交两堤的标高投影图，需求三种线：各坡面与地面交线，即坡脚线；支堤顶面与主堤坡面的交线；主堤坡面与支堤坡面的交线，如图3-15（b）所示。

作图：如图3-15（c）所示。

（1）求坡脚线。以主堤为例，先求堤顶边缘到坡脚线的水平距离 $L = H/I = (3-0)\,\text{m}/1 = 3\text{m}$，再沿两侧坡面坡度线方向按1:300比例量取，过零点做顶面边缘的平行线，即得两侧坡面的坡脚线。同样方法做出支堤的坡脚线。

（2）求支堤顶面与主堤坡面的交线。支堤顶面标高为2m，与主堤坡面的交线就是主堤坡面上标高为2m的等高线中的 a_2b_2 一段。

（3）求主堤坡面与支堤坡面的交线，它们的坡脚线交于 c_0、d_0，连 c_0、a_2 和 d_0、b_2，即得坡面交线 c_0a_2 和 d_0b_2。

（4）将最后结果加深，画出各坡面的示坡线（图中长短相间的细实线叫示坡线，其与等高线垂直，用来表示坡面，短线在高的一侧）。

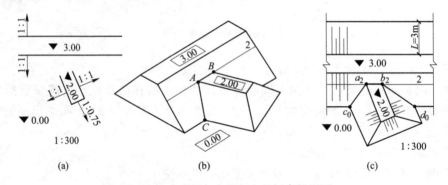

图 3-15　求支堤与主堤相交的标高投影图

例 3-7 已知坑底的标高为-2m，坑底的大小和各坡面的坡度如图3-16（a）所示。地面高程为2m，求作开挖线和坡面交线。

分析：作图，如图3-16（b）所示。

（1）求开挖线。地面高程为2m，因此开挖线就是各坡面上高程为2m的等高线，它

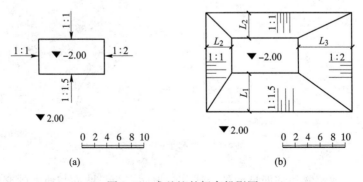

图 3-16　求基坑的标高投影图

们分别与坑底的相应底边线平行，水平距离 $L_1 = 1.5 \times 4m = 6m$，$L_2 = 1 \times 4m = 4m$，$L_3 = 2 \times 4m = 8m$。

（2）求坡面交线。相邻两坡面高程相同的两条等高线的交点即两坡面的共有点，分别连接相应的两个共有点可得 4 条坡面交线。

（3）将结果加深，画出各坡面的示坡线。

3.5　曲面的标高投影

工程上常见的曲面有锥面、同坡曲面和地形面等。在标高投影中表示曲面，就是用一系列高差相等的水平面与曲面相截，画出这些截交线（即等高线）的投影。

3.5.1　正圆锥面

曲面在标高投影中是以一系列等高线表示的。如图 3-17 所示，两个圆锥面被一系列等高距相等的水平面截切，所得一系列的截交线，即为锥面的等高线。做出它们的基面投影，并标以标高值，就是锥面的标高投影。由图可以看出，锥面坡度相等时，其等高线的平距相等。坡度愈陡，等高线愈密；坡度愈缓，等高线愈稀。

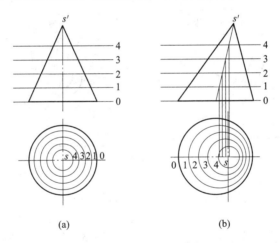

图 3-17　正圆锥面的标高投影

3.5.2　同坡曲面

图 3-18（a）所示为一段倾斜的弯道，它的两侧边坡是曲面，且曲面上任何地方的坡度都相同，这种曲面称为同坡曲面。

工程上常用到同坡曲面，道路在弯道处，无论路面有无纵坡，其边坡均为同坡曲面。同坡曲面的形成如图 3-18（b）所示，以一条空间曲线作导线，一个正圆锥的顶点沿此曲导线运动，当正圆锥轴线方向不变时，所有正圆锥的包络曲面就是同坡曲面。

要做同坡曲面的等高线，应明确以下三点：

（1）运动的正圆锥与同坡曲面处处相切。

（2）运动的正圆锥与同坡曲面坡度相同。

（3）同坡曲面的等高线与运动正圆锥同标高的等高线相切。

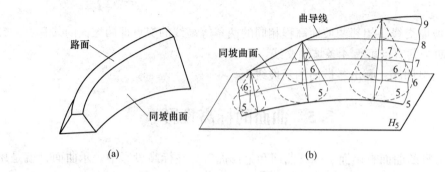

图 3-18　同坡曲面

例 3-8　图 3-19（a）所示为一弯曲倾斜道路与干道相连，干道顶面标高为 9.00m。地面标高为 5.00m，弯曲引道由地面逐渐升高与干道相连，画出坡脚线与坡面交线。

作图：如图 3-19（b）所示。

（1）算出边坡平距。

（2）定出曲导线上整数标高点 a_6、b_7、c_8、d_9。

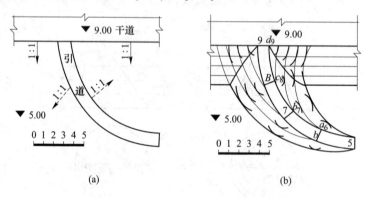

图 3-19　求干道与弯道引道的标高投影图

（3）以 a_6、b_7、c_8、d_9 为圆心，分别以 $R=1$，2，3，4 为半径画同心圆，即为各正圆锥的等高线。

（4）作正圆锥上相同标高等高线的公切曲线（包络线），即得边坡的等高线；同样可做出另一侧边坡的等高线。

（5）求同坡曲面与干道边坡的交线。

（6）将结果加深，完成作图。

3.5.3　地形面

如图 3-20 所示，由于地形面是不规则的曲面，所以其等高线是不规则的曲线。地形等高线有下列特征：

（1）等高线一般是封闭曲线（在有限的图形范围内可不封闭）。

（2）除悬崖、峭壁外，等高线不相交。

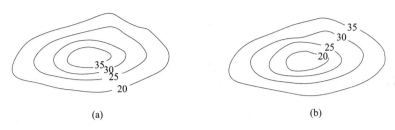

图 3-20　地形面表示方法

（a）山丘；（b）洼地

（3）同一地形图内，等高线愈密地势愈陡，反之等高线愈稀疏地势愈平坦。

用标高投影表示地面形状的图形称为地形图。如图 3-21 所示为基本地形的等高线特征。在一张完整的地形等高线图中，为了便于看图，一般每隔 4 条有一条画成粗线，这样的粗线称为计曲线。

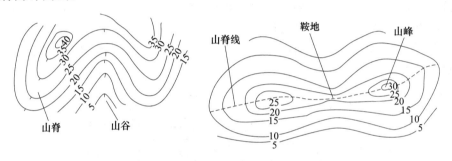

图 3-21　基本地形的等高线特征

3.5.4　地形断面图

用铅垂面剖切地形面，剖切平面与地形面的截交线就是地形断面，并画上相应的材料图例，称为地形断面图。其作图方法如图 3-22 所示。

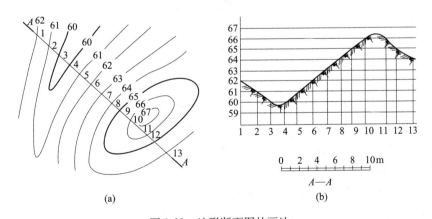

图 3-22　地形断面图的画法

（1）过 A—A 作铅垂面，它与地形面上各等高线的交点为 1，2，3，…，如图 3-22（a）所示。

（2）以 A—A 剖切线的水平距离为横坐标，以高程为纵坐标，按等高距及比例尺画一组平行线，如图 3-22（b）所示。

（3）将图 3-22（a）中的 1，2，3，…各点转移到图 3-22（b）中最下面一条直线上，并由各点作纵坐标的平行线，使其与相应的高程线相交得到一系列交点。

（4）光滑连接各交点，即得地形断面图，并根据地质情况画上相应的材料图例。

3.6　标高投影的应用举例

在安全、环境、土建工程中，经常要应用标高投影来求解工程建筑物坡面的交线以及坡面与地面的交线，即坡脚线和开挖线。由于建筑物的表面可能是平面或曲面，地形面也可能是水平地面或是不规则地面，因此，它们的交线性质也不一样，但是求解交线的基本方法仍然是采用水平辅助平面来求两个面的共有点。如果交线是直线，只需求出两个共有点并连接直线即得；如果交线是曲线，则应求出一系列共有点，然后依次光滑连接，即得交线。下面举例来说明标高投影的应用。

例 3-9　如图 3-23 所示，已知直管线两端的标高分别为 21.5 和 23.5，求管线 AB 与地面的交点。

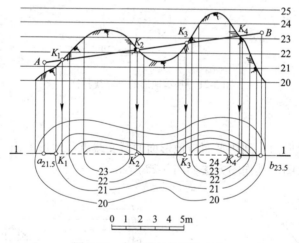

图 3-23　求管线与地面的交点

分析：本例实际是求直线与地面的贯穿点。解决这类问题的原理与求直线与曲面立体的贯穿点相似。即先包含直线作一辅助平面与地面相交，从而得到地形的断面轮廓（称为地形断面图），再求直线（管线）与断面轮廓的交点。

作图：如图 3-23 所示。

（1）包含 AB 作辅助铅垂面 1—1，其水平投影即直线 $a_{21.5}b_{23.5}$ 本身，也是铅垂面与地面交线的水平投影。

（2）在立面图的位置上，以一定比例做出辅助铅垂面上若干条与 $a_{21.5}b_{23.5}$ 平行的等高线，如 20～25。

（3）由辅助铅垂面与地面交线的各交点（即 $a_{21.5}b_{23.5}$ 与各等高线的交点）引直线，按其标高分别求出它们的正面投影，并连成平滑曲线，即得地形断面图。

（4）求 AB 的正面投影。AB 与断面轮廓的交点 K_1，…，K_4，即为交点的正面投影。

（5）从而可在标高投影图中求得 K_1，…，K_4（此处 K 的脚标 1、2、3、4 是点的编号，并非是点的标高）。

本例的直线 AB 若为某线路的设计纵向坡度线，则由断面图可以看出 K_1K_2 及 K_3K_4 段为挖方，而 AK_1、K_2K_3 和 K_4B 各段为填方。且填挖高度可用与等高距相同的比例，直接从图上量得。

例 3-10 求图 3-24 所示地面与坡度为 2/3 的坡面的交线。

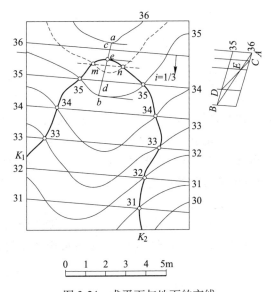

图 3-24 求平面与地面的交线

分析：平面与地面的交线，即先求出平面与地面上标高相同等高线的交点，然后顺次连成平滑曲线。

作图：如图 3-24 所示。

（1）按给出的等高线 36 和坡度 $i = 1/3$，算得平面的平距为 1.5，做出平面上 35，34，…一系列等高线。

（2）求平面与地面高度相同的等高线的交点，如 32，33，…，35 等。

（3）用内插等高线法和断面法，分别求得平面和地面上等高线 35 和 36 之间的 m、n 点和 e 点。

（4）平滑连接各交点，即为所求的坡度范围。

图中 K_1 和 K_2 点可用延长等高线法近似求出。

例 3-11 一斜坡道与主干道相连，设地面标高为零，主干道路面标高为 5，斜坡道路面坡度及各坡面坡度如图 3-25（a）所示，求它们的填筑范围及各坡面的交线。

分析：求主干道和斜坡道的填筑范围，就是求它们的坡面与地面的交线，亦就是求各坡面上高度为零的等高线（俗称坡脚线）。坡面间交线是各相交坡面上高度相同等高线交点的连线。为此，先根据已知坡度计算各坡面自坡顶至坡脚线间的水平距离。其中 $L_1 = l_1 \times$

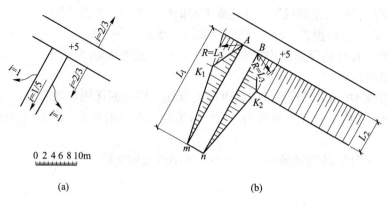

图 3-25　求道路的填筑范围及坡面的交线

$5 = 5 \times 5 = 25$；$L_2 = l_2 \times 5 = 2.5 \times 5 = 12.5$；$L_3 = l_3 \times 5 = 1 \times 5 = 5$。

作图：如图 3-25（b）所示。

（1）根据 L_1 做出斜坡道起坡线 mn，并完成斜坡道路面。

（2）根据 L_2 做出主干道坡脚线（另一侧略）。

（3）分别以 A、B 为圆心，以 $R = L_3$ 为半径作圆弧，过 m、n 分别作圆弧的切线，得斜坡道之坡脚线，并求得与主干道坡脚线的交点 K_1 和 K_2。

（4）连 AK_1 和 BK_2，即完成作图。

例 3-12　如图 3-26（a）所示，要在山坡上修筑一带圆弧的水平广场，其高程为 30m，填方坡度 1∶2，挖方坡度为 1∶1.5；求填挖边界线及各坡面的交线。

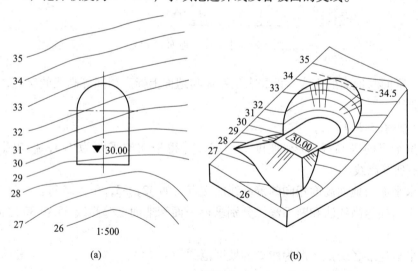

图 3-26　广场的已知条件

分析：因为水平场地高程为 30m，所以地面上高程为 30m 的等高线是填方和挖方的分界线，地面上高于 30m 的一边需要挖方，低于 30m 的一边需要填方，如图 3-26（b）所示。

作图：如图 3-27（a）所示。

（1）地面30m等高线与水平广场边线的交点 a、b 为填、挖分界点。北面挖方包含一个倒圆台面和两个与它相切的平面。根据挖方坡度1∶1.5顺次做出倒圆台面及两侧平面边坡的等高线，求得北坡面与地面相同高程等高线交点 1，2，3，…，8，倒圆台面上的35m等高线与地面上35m等高线没有交点。而4点与5点相距较远，为有效控制开挖线弯曲趋势，在倒圆台面和地形面上各内插一条34.5m的等高线，在4点与5点之间又可得到两个交点，依次光滑连接即得挖方边界。

（2）南面填方边坡坡面为3个平面，坡度为1∶2，顺次做出3个坡面的等高线，分别求出各坡面与地形面相同高程等高线交点，顺次连接8—9—10，11—12—13—14—15—16 和 17—18—19，可得填方的三条坡脚线，相邻坡脚线有两个交点 c 和 d，分别为相邻坡面交线上的一个端点，画出坡面交线。

（3）将挖方边界、填方边界和坡面交线加深，画出各坡面的示坡线，如图3-27（b）所示，完成作图。

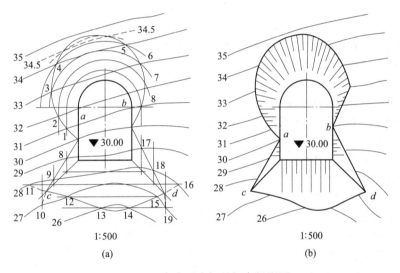

图 3-27　求水平广场的标高投影图

例3-13　已知广场的填方边坡坡度为 1/2，挖方边坡坡度为1，求作广场一角的边坡与地形面的交线，如图3-28（a）所示。

分析：从图中可以看出，地形面一部分低于广场高程58，为填方；一部分高于广场高程，为挖方。根据填、挖方边坡坡度得出平距，填方时 $l_1 = 2$ 单位，挖方时 $l_2 = 1$ 单位。应注意与广场圆弧线相连的边坡为圆锥面，其等高线为圆弧。

作图：如图3-28（b）所示。

（1）广场边线与地形面58等高线的交点，为填、挖方分界点。

（2）在填方部分，以平距为2单位作57和56等高线（圆弧），分别求出它们与地形面相同高程等高线的交点，并用曲线依次连接这些交点，得填方边坡与地形面的交线。

（3）在挖方部分，以平距为1单位作的59、60和61等高线，分别求出它们与地形面相同高程等高线的交点，并用曲线依次连接这些交点，得挖方边坡与地形面的交线。

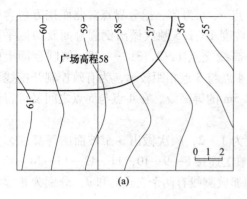
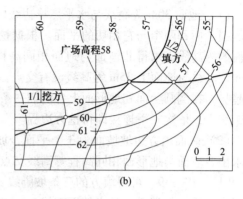

图 3-28　求作广场边坡与地形面的交线

复 习 题

3-1　何谓标高投影，在标高投影图中必须标注的内容是什么？

3-2　在标高投影中直线的表示方法有几种？

3-3　何谓直线的坡度和平距？

3-4　何谓直线的实长和整数点标高？

3-5　何谓平面上的等高线和最大坡度线？

3-6　何谓平面的坡度和平距？

3-7　用标高投影表示平面有几种方法？

3-8　如何求平面的交线？

3-9　何谓坡面交线、坡脚线和开挖线？

3-10　何谓曲面的标高投影？

3-11　同坡曲面有何特点？

3-12　何谓地形等高线，有何特征？

3-13　何谓地形断面图，如何作图？

3-14　其他标高投影的实例参见附录。

钢 结 构 图

4.1 概　述

　　钢结构是由各种形状的型钢组合连接而成的结构物，如土木、环境与安全工程中的钢梁、钢屋架、钢塔架、钢脚手架等。表示钢结构的图样称为钢结构图。

　　钢结构主要用于大跨度建筑、高层建筑和高耸结构，如大跨度的钢屋架、大中跨度的铁路桥梁以及电视发射塔等。

　　组成钢结构杆件的型钢是由轧钢厂按标准规格（型号）轧制而成的。常用的型钢有角钢、工字钢、槽钢及钢板、钢管等，它们的代号及标注方法见表4-1。

表4-1　型钢的代号及标注

名称	截面代号	标注方法	立体图
等边角钢	∟	∟ $\frac{b \times d}{l}$	
不等边角钢	∟	∟ $\frac{B \times b \times d}{l}$	
工字钢	I	I $\frac{QIN}{l}$ （轻型钢时才加注Q）	
槽钢	[	[$\frac{Q[N}{l}$ （轻型钢时才加注Q）	
扁钢	—	$\frac{-b \times t}{l}$	
钢板	—	$\frac{-t}{l}$	

4.2　钢结构中型钢的连接方法

钢结构中型钢的连接方式一般有焊接、铆接、螺栓连接三种。

4.2.1　焊接

焊接是将被连接的型钢在连接部位加热使其和焊条熔化，凝结后成为不可分离的整体。由于焊接有较多的优点，因此，在钢结构连接中被广泛采用。

4.2.1.1　焊缝类型及其代号

A　焊缝类型

焊缝类型是按焊缝的形状及其被焊件的相互位置区分的，主要有坡口焊缝（如 V 形、I 形）、贴角焊缝和塞焊缝等。

B　焊缝代号

焊接有不同的焊缝形式，在焊接的钢结构施工图上，要把焊缝位置、类型和有关尺寸标注清楚。焊缝应按"国标"规定的方式标注。焊缝代号主要由如下几部分组成（图 4-1）：

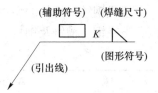

图 4-1　焊缝代号

（1）图形符号。表示焊缝横断面的基本类型。

（2）辅助符号。表示焊缝某些特征的辅助要求。

（3）焊缝尺寸。表示焊缝的焊接高度，一般不标注。

（4）引出线。由箭头线和基准线组成，如图 4-2（a）所示，基准线一般画成横线，在它的上侧和下侧用来标注各种符号和尺寸等。有时在横线的末端加一尾部符号，作为其他说明之用，如图 4-2（c）所示。箭头线指向焊缝，它可画在横线的左端或右端，也可把它引向上方或下方，必要时允许转折一次，如图 4-2（b）所示。

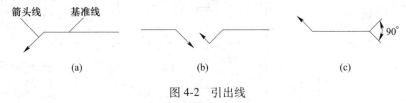

图 4-2　引出线

（a）引出线的组成；（b）箭头线的转折；（c）引出线的尾部

表 4-2 中列出了几种常用的图形符号和辅助符号。

4.2.1.2　焊缝的标注

（1）焊缝的一般标注方法见表 4-3。

（2）在同一图形上，当焊缝类型、断面尺寸和辅助要求均相同时，可只选择一处标注代号，并加注"相同焊缝符号"。

（3）在同一图形上，当有数种相同焊缝时，可将焊缝分类编号标注，在同一类焊缝中可选择一处标注代号，分类编号采用 A，B，C，…，并写在横线尾部符号内。

（4）当焊缝分布不规则时，在标注焊缝代号的同时，宜在焊缝处加粗线（表示可见焊缝）或栅线（表示不可见焊缝），如图 4-3 所示。

表4-2 图形符号和辅助符号

焊缝名称	焊缝形式	图形符号	符号名称	焊缝表示符号	辅助符号	标注方式
V形	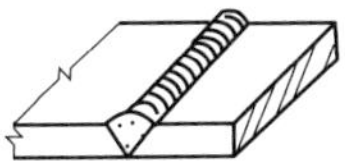	∨	三面焊缝号	 □	⊏	
I形	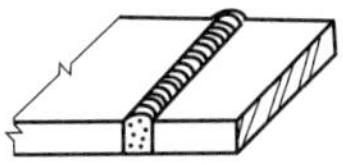	‖	周围焊缝符号	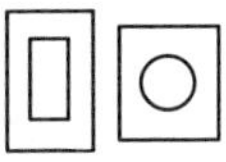 □ ○	▭	
贴角焊	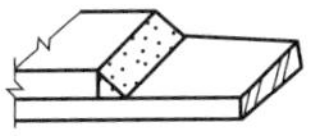	◺	现场安装焊缝符号	⚑	 ⚑	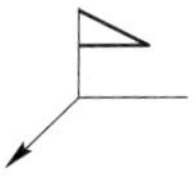
塞焊		⎍	相同焊缝符号	○	○	

表4-3 焊缝的标注方法

焊缝名称	焊缝形式	标注方法	焊缝名称	焊缝形式	标注方法
对接I形焊缝	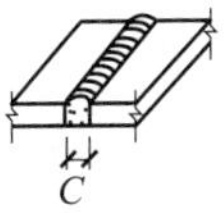	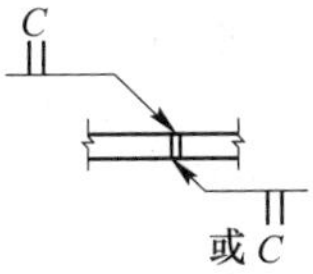 C ‖ 或 C	周围贴角焊缝	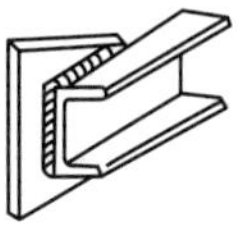	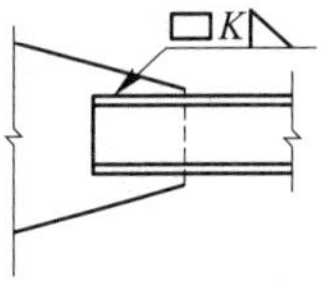 K
塞焊缝		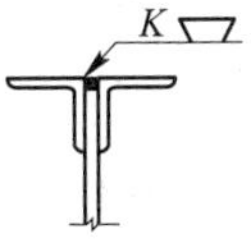 K ⎍	三个焊件所组成的贴角焊缝		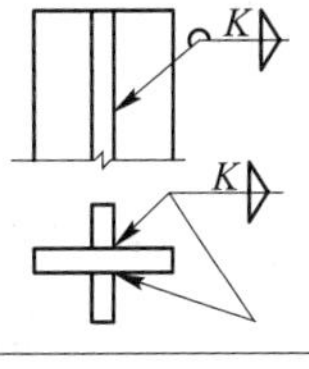 K K
T形接头贴角焊缝	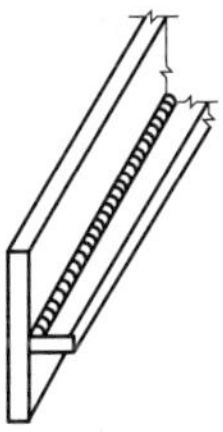	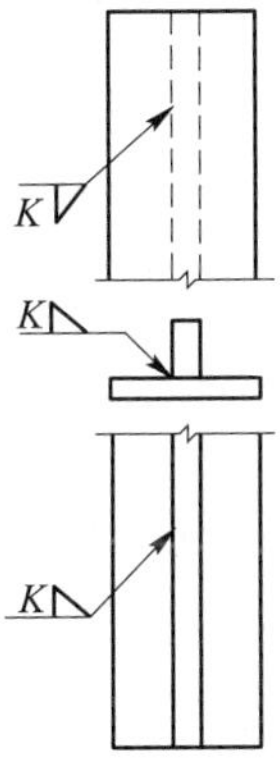 K K K	T形接头双面贴角焊缝	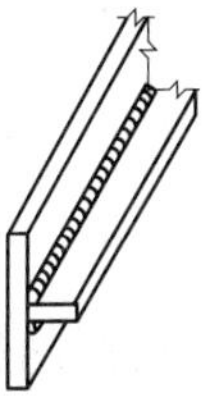	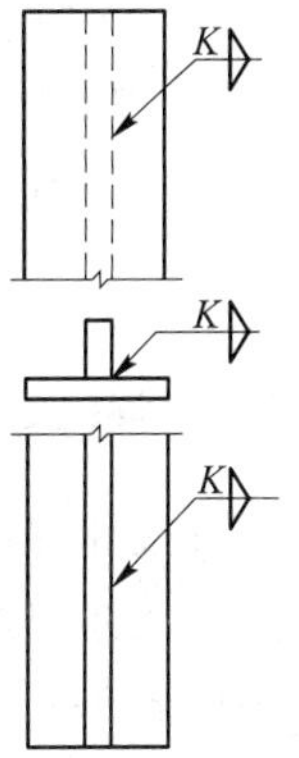 K K K

（5）单面焊缝的标注，当箭头指在焊缝所在的一面时，应将图形符号和尺寸标注在横线的上方，当箭头指在焊缝所在的另一面（相对应的那边）时，应将图形符号和尺寸标注在横线的下方，如图4-3中的标注。

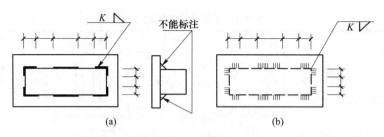

图 4-3 不规则分布焊缝的表示
(a) 可见焊缝；(b) 不可见焊缝

4.2.2 铆接

铆接指用铆钉连接型钢。首先在被连接的型钢上预先钻出较铆钉直径大 1mm 的孔，连接时，将加热的铆钉插入孔内，用铆钉枪冲打钉尾，直至冲打成铆钉头为止。

铆接有车间装配和工地装配两种，铆钉按其头部形状，分半圆头、埋头、半埋头等。在钢结构图中，铆钉是按"国标"规定的图例表示的，表 4-4 列出了常用的螺栓、孔和铆钉的图例。

表 4-4 螺栓、孔、电焊铆钉图例

名　称	图　例	名　称	图　例
永久螺栓		圆形螺栓孔	
高强螺栓	ϕd	长圆形螺栓孔	b a
安装螺栓		电焊铆钉	

注：1. 细"+"线表示定位线。
　　2. 必须标注螺栓、孔、电焊铆钉的直径。

由于铆钉在施工中有许多不便，近几年来，钢结构中的铆钉连接已被高强度螺栓所代替。

4.2.3 螺栓连接

铆接和焊接是不可拆的连接，螺栓连接是可拆换的。螺栓由螺杆、螺母和垫圈组成，螺栓连接亦须预先钻孔，连接时将螺栓杆插入孔内，垫上垫圈拧紧螺母即可。螺栓及孔的图例见表 4-4。

4.2.4 尺寸标注

钢结构杆件的加工和连接安装要求较高，因此标注尺寸时应达到准确、清楚、完整。钢结构中尺寸的标注方法及注意事项见表 4-5。

表 4-5　钢结构中尺寸标注及注意事项

图　示	说　明
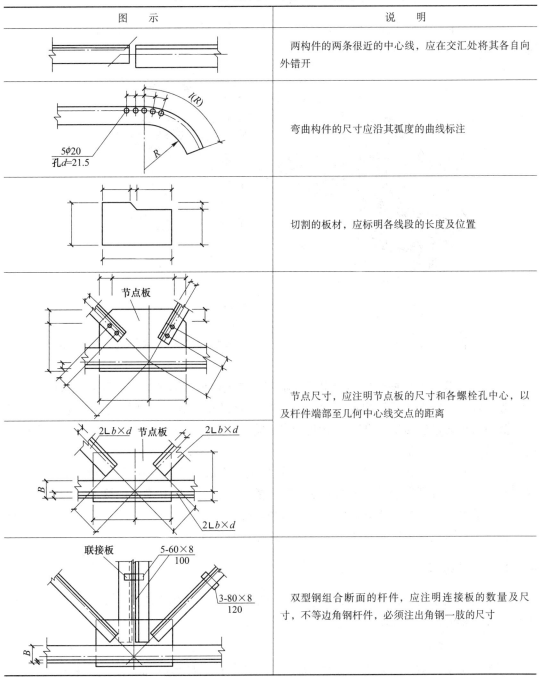	两构件的两条很近的中心线，应在交汇处将其各自向外错开
	弯曲构件的尺寸应沿其弧度的曲线标注
	切割的板材，应标明各线段的长度及位置
	节点尺寸，应注明节点板的尺寸和各螺栓孔中心，以及杆件端部至几何中心线交点的距离
	双型钢组合断面的杆件，应注明连接板的数量及尺寸，不等边角钢杆件，必须注出角钢一肢的尺寸

4.3　钢梁结构图

　　钢梁常用于大、中跨度的桥梁中。钢梁的种类很多，本节主要介绍下承式简支栓焊桁架梁的组成及其图示内容。

4.3.1　下承式简支栓焊桁架梁的组成及钢梁结构图

图 4-4 所示为下承式简支栓焊桁架梁，它由桥面、桥面系、主桁架、联接系和支座五部分组成。

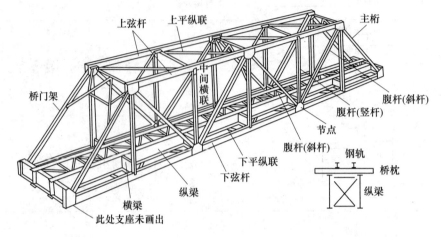

图 4-4　下承式简支栓焊梁

（1）桥面。主要由正轨、护轨、桥枕、护木、钩螺栓及人行道组成，桥面部分图中未画出。

（2）主桁架。共由两片主桁架组成，是钢梁的主要承重结构。主桁架由上弦杆、下弦杆、腹杆及节点组成。倾斜的腹杆称斜杆，竖直的腹杆称竖杆，杆件交汇的地方称为节点。竖向荷载通过桥面传给纵梁，由纵梁传给横梁，再由横梁传给主桁节点。通过主桁架的受力传给支座，再由支座传给墩台。

（3）桥面系。由纵梁、横梁及纵梁间的联接系组成。联接系包括纵向联接系（上平纵联及下平纵联分别设置在主桁的上弦杆及下弦杆的平面内）和横向联接系（设置在主桁架各竖杆的平面内，桥门架设置在主桁两端的斜杆平面内）。

钢梁结构图包括设计轮廓图、节点图、杆件图及零件图。

4.3.2　设计轮廓图

设计轮廓图是表示整个钢梁的示意图，一般只画出杆件的中心线。图 4-5 所示为 64m 下承式栓焊梁的设计轮廓图，它是由 5 个图形组成的。

4.3.2.1　主桁

主桁图是主桁架的正面图，表示前后两片主桁架的总体形状和大小。图 4-5 中标出了各节点的代号和各杆件的断面形状，杆件的断面形状画在各杆件的断开处。虚线表示两端桥门架和中间横联所在的位置。

4.3.2.2　上平纵联

通常把上平纵联图画在主桁图的上面，表示桁梁顶部上平纵联的结构形式和大小，图中也画出了各杆件的断面形状。

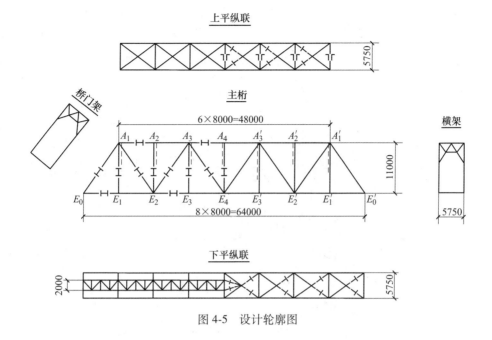

图 4-5 设计轮廓图

4.3.2.3 下平纵联

通常把下平纵联图画在主桁图的下面。图 4-5 的右半部表示下平纵联的结构形式和尺寸，以及各杆件的断面形状；图的左半部分表示桥面系的结构形式，纵梁间相距为 2000mm。

4.3.2.4 横联

通常把横联图画在主桁图的两侧。图 4-5 是画在主桁图的右侧。

4.3.2.5 桥门架

桥门架图是沿垂直于桥门平面方向投射而得到的一个辅助投影，通常画在与主桁图中桥门有投影联系的位置，反映桥门架的实际形状。

钢桁梁杆件的断面形状沿杆长是不变的。若干个杆件的端部连接在一起构成节点，只要把每个节点的构造形式和大小表达清楚，并配合设计轮廓图、杆件图、零件图，整座钢桁梁的构造形式和大小就表达清楚了。

4.3.3 节点图

为了弄清节点图，先介绍节点的构造。

图 4-6 所示为跨度 48m 的单线铁路下承式桁架梁下弦节点 E_2 的轴测图。在节点处用两块节点板（D_4）和高强度螺栓将主桁架中的两根下弦杆（E_0—E_2、E_2—E_2'）、两根斜杆（E_2—A_1、E_2—A_3）和一根竖杆（E_2—A_2）连接起来。另外在节点板下边前面有一块下平纵联节点板（L_{11}），用来连接下平纵联的两根斜杆（L_2、L_3）。在下弦杆的内侧上下均设置了拼接板（P_5 共 4 块），由于下弦杆 E_0—E_2 的两块竖板（N_1）的厚度较 E_2—E_2' 的薄些，所以加设了填板（B_6 共 4 块）。此外，由于横梁高度大于节点板的高度，所以在前面的一块节点板上加设了填板（B_9 一块）。

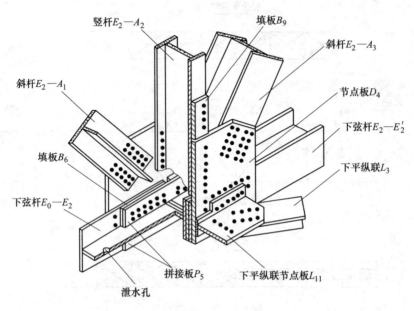

斜杆 $E_2—A_1$

斜杆 $E_2—A_3$

竖杆 $E_2—A_2$

填板 B_9

节点板 D_4

下弦杆 $E_2—E_2'$

填板 B_6

下弦杆 $E_0—E_2$

下平纵联 L_3

拼接板 P_5

下平纵联节点板 L_{11}

泄水孔

图 4-6　E_2 节点轴测图

图 4-7 所示为上述 E_2 节点详图，它主要包括主桁简图、节点正面图、节点平面图、各杆件的断面图和尺寸标注。

4.3.3.1　主桁简图

主桁简图是采用较小的比例如 1∶1000，以示意图的形式用单线条画在图的右上部。为表示所画节点在主桁梁中的位置，在 E_2 节点处用粗线（或用小圆圈）画出。

4.3.3.2　节点正面图

正面图是假定人站在两片主桁架之间，面对着该节点画的，它表明了各杆件的连接情况。这些杆件是用编号为 D_4 的节点板，通过高强度螺栓连接的。由图 4-7 中的说明可知，黑圆点表示直径为 22mm 的高强度螺栓或直径为 23mm 的孔。在节点板的上面有一块编号为 B_9 的填板，其厚度与节点板 D_4 相同，它的作用是在连接两片主桁梁间的横梁时，用来填充空隙。在节点正面图的下部，拆去下平纵联的两根水平斜杆后，画出了下平纵联的节点板（参看平面图），这里采用了拆卸画法。

4.3.3.3　节点平面图

平面图也采用了拆卸画法，它是把竖杆 $E_2—A_2$ 和斜杆 $E_2—A_1$、$E_2—A_3$ 拆去后画出的，因为这 3 根杆件用正面图和断面图已经表达清楚了，从图 4-7 中可以看出，前后共有两块编号为 D_4 的节点板。在两根下弦杆的竖板内侧有 4 块拼接板（上下各两块，编号为 P_5），用来连接 $E_0—E_2$ 和 $E_2—E_2'$。因 $E_0—E_2$ 的竖板较薄，在竖板和拼接板之间垫了 4 块编号为 B_6 的填板（上下各两块），并画上与水平线成 45°角、间隔均匀的细实线。这是钢结构图中的一种特殊表示方法，用来表示填板所在位置。此外，在平面图中还反映了下平纵联的两根水平斜杆与主桁梁的连接，它们通过下平纵联节点板（编号为 L_{11}）与下弦杆连接（下平纵联另有详图表示）。图中下弦杆上的两个小圆是直径 50mm 的泄水孔。

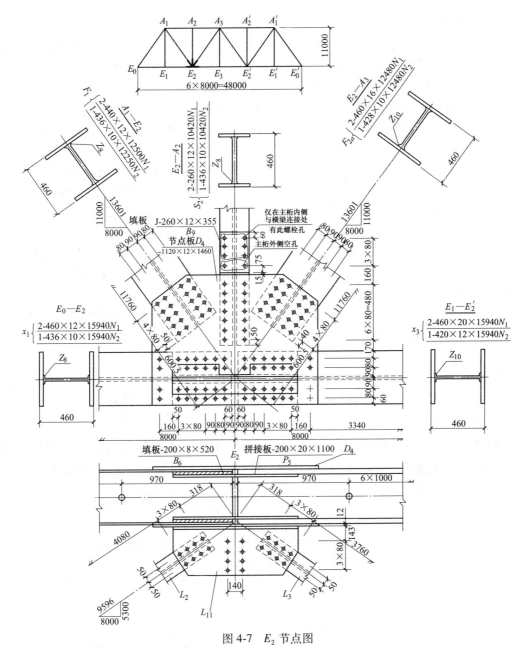

图 4-7 E_2 节点图

说明：（1）本图尺寸以 mm 为单位；（2）图上未注明尺寸的截切边距不小于 40mm；

（3）○表示直径 22 高强度螺栓或有直径 23 孔；（4）Z 表示自动焊

4.3.3.4 断面图

断面图画在正面图中各杆件的轴线上，图上不画剖面符号。从图 4-7 中看出，每根杆件都是由 3 块钢板焊成工字形，如下弦杆 E_0—E_2 是由编号为 N_1 的两块竖板和编号为 N_2 的一块水平板组成的。焊缝用引出线标出，如图中的 Z_8（Z 表示自动焊，8 表示焊缝高度 8mm）。

4.3.3.5 尺寸标注

图 4-7 中尺寸基本上分为三种类型：

（1）确定各杆件或零件大小的尺寸，常注写在各杆件的断面图旁或注写在零件的引出线上。例如在斜杆 E_2—A_3 的断面图旁，就标有 2—460×16×12480N_1 和 1—428×10×12480N_2，表明这一杆件是由两块编号为 N_1、厚 16mm、宽 460mm、长 12480mm 的钢板和一块编号为 N_2、厚 10mm、宽 428mm、长 12480mm 的钢板组成的。组成的形式和连接方法在断面图中已表明。又如在正面图中对节点板 D_4 画有引出线，线的上下有节点板 D_4、2—1120×12×1460，表明编号 D_4 的节点板有两块，其备料尺寸为 1120mm×12mm×1460mm。

（2）用来确定螺栓或孔洞位置的尺寸，用一般尺寸标注形式注写。例如斜杆 E_2—A_3 与节点板 D_4 的连接，顺杆件轴线方向注有尺寸 600.5 和 4×80 等，表示第一排螺栓中心孔距各杆件中心线的交点是 600.5mm，而五排螺栓有 4 个间距，每一间距为 80mm。在垂直于杆件的轴线方向上也注有 80、90 等，用来确定各螺栓在该方向上的位置。

（3）确定杆件位置的尺寸。例如斜杆 E_2—A_3 的斜度，用画在它的轴线上的直角三角形表示。在直角三角形的各边上注写各相应节点间的距离。杆件端部的尺寸 50 是表示该杆件端部至第一排螺栓中心的距离，这个距离称为端距，应不小于规范规定的尺寸。

此外，图上还用注解形式对有关部分进行说明。

在节点图中，常把邻近的几个节点画在同一张图纸上。节点之间的杆件部分没有多大变化可省略不画，也就是采用了断开画法。

4.3.4　杆件图和零件图

表示钢梁中某一杆件或零件的形状和大小的图称为杆件图或零件图。

4.3.4.1　零件图

图 4-8 所示为下平纵联节点板 L_{11} 的零件图，从三面图中可以看出，该零件由两块钢板焊接组成。水平板备料尺寸是 423×10×1100，前面左右两端各切去一个三角形，竖板备料尺寸是 260×10×1100，在中间上部挖切一个 U 形缺口。

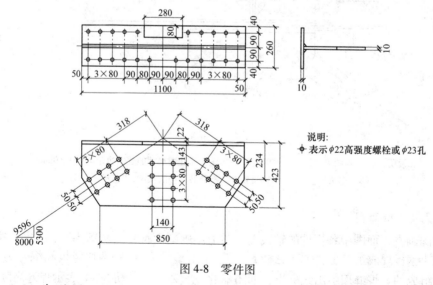

说明：
＋表示 $\phi22$ 高强度螺栓或 $\phi23$ 孔

图 4-8　零件图

4.3.4.2　杆件图

图 4-9 所示为下弦杆 E_2—E_2' 的杆件图。由于杆件较长，而且断面形状在全长上又是

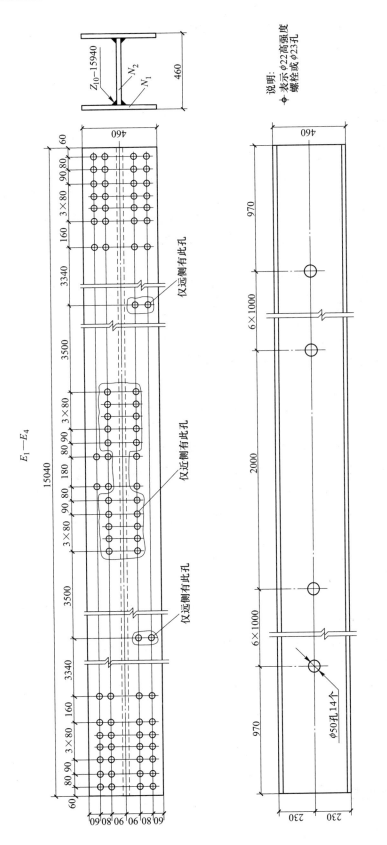

图 4-9 杆件图

一样的，所以采用断开画法。由平面图中的尺寸 6×1000 可知，在该长度内，$\phi50$ 的泄水孔的间隔为 1000mm，有 6 个间隔，因此，整个杆件就有 14 个泄水孔，图中只画出了4 个。

如果是竖杆或斜杆，画图时应平放。

4.3.5　钢梁节点图的画法

现以上述节点 E_2 为例，说明节点图的画法。

首先考虑图幅、选择比例、进行布图，准备工作如前所述，具体作图可按下列步骤进行：

（1）先用细线画出各杆件的轴线位置。注意，立面图上各杆件的轴线汇交于一点。

（2）按照尺寸画出节点板、下弦杆、竖杆和斜杆；平面图上还须画出下平纵联的节点板及两根斜杆。

（3）按照尺寸画出螺栓孔与泄水孔。注意，螺栓孔之间的等分与对称的关系。

（4）画填板和拼接板以及杆件的断面和不可见的轮廓线。

（5）标注尺寸。

（6）检查无误后进行描深。

（7）填写尺寸数字、技术说明和标题栏。

4.4　钢屋架结构图

在房屋建筑中，大型工业厂房或大跨度的民用建筑等多采用钢屋架。表示钢屋架的形式、大小、型钢的规格、杆件的组合连接情况的图样称为钢屋架结构详图。其内容主要包括屋架简图、屋架详图（包括节点图）、杆件详图、连接板详图、预埋件详图以及钢材用量表等，现以某厂房钢屋架结构详图（图 4-10）为例，说明钢屋架结构详图的内容及其图示特点。

4.4.1　屋架简图

屋架简图是用以表示屋架的结构形式，它用单线条画出，一般放在图样的左上角或右上角。简图的常用比例为 1∶100 或 1∶200。

图 4-10 三角形钢屋架中，上边倾斜的杆件称上弦杆，水平的杆件称下弦杆，中间杆件称腹杆（包括竖杆和斜杆）。

简图中应要注明屋架的跨度（如 9000mm）、高度（如 1450mm）和各相邻节点间的长度尺寸，并用直角三角形表明上弦杆的斜度。

4.4.2　屋架详图

屋架详图是施工的技术依据，整个屋架的构造、各杆件的连接情况和各部分的尺寸都要完整无缺地表达出来。

屋架详图以正面图为主，辅以一些局部投影以及必要的零件详图。

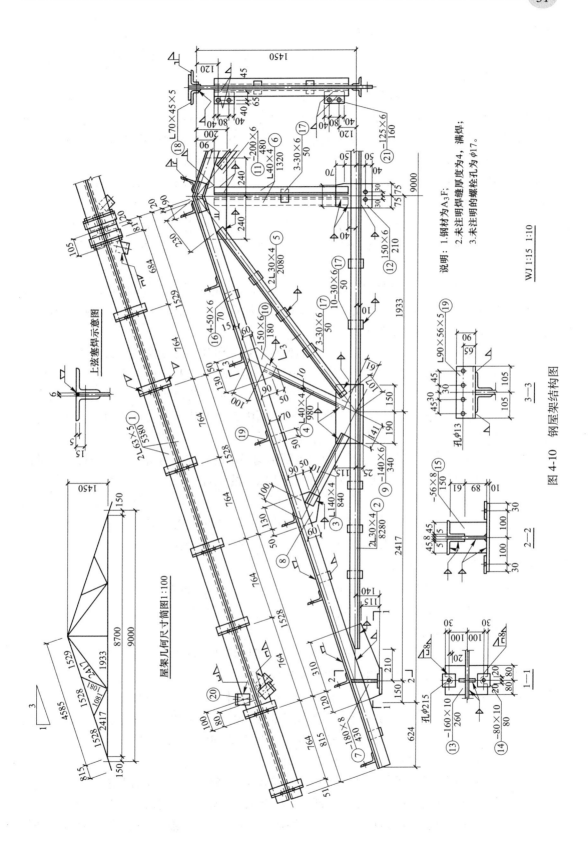

图 4-10 钢屋架结构图

4.4.2.1　钢屋架的表达方法

钢屋架的表达，除采用基本投影、剖面图、断面图外，还可以根据钢结构的特点，采用如下的特殊表达方法：

（1）正面图用两种比例绘制。正面图表示了各杆件、零件的形状和相互位置及连接情况。由于各杆件较长，横断面形状没有变化，但各节点的构造比较复杂，所以画屋架正面图时常采用两种不同的比例。用较小的比例，如 1∶10 画各杆件的中心线，用较大的比例，如 1∶5 画各节点和零件。其意义相当于把各节点间的杆件断开，使各节点相互靠拢，实质上采用的是断开画法，只是没有画出各节点间杆件上的折断线罢了。这是画钢结构图时常采用的一种特殊表示法。

（2）对称结构可画一半。由于屋架左右对称，没有必要把它全部画出来。图 4-10 中画了略多于半个屋架的正面图（习惯上画出左半部）是为了将屋架中间部分的节点完整表达出来。

（3）选用辅助投影。屋架上弦杆倾斜于水平面，为了表示上弦杆顶面及其附属零件，而在上弦杆正面图之上画一辅助投影。这个投影是从垂直于上弦杆顶面方向进行投射而获得的，与正面图中上弦杆保持投影联系。

（4）采用拆卸画法。位于屋架正面图右侧的投影，可作为侧面图理解，但该图是拆去了斜杆和上弦杆并把下弦杆折断后画出的。图的上部只画出了上弦杆和拼接角钢的断面形状。这个图形主要表示了竖杆、上弦杆、下弦杆与节点板、填板的相互关系。在钢结构图中，这种表示方法叫拆卸画法。在用拆卸画法的图中，突出其主要表示的内容，而把与投影面倾斜且在其他投影中能表示清楚的杆件拆去不画。

（5）选用局部投影和局部剖面。为了表明结构局部的情况，可选用局部投影或局部剖面。这些图形应尽可能画在与基本投影保持投影联系的位置。如在正面图右端的下部是一个下弦杆的局部水平投影，表明下弦杆的俯视形状和节点板、填板的位置。又如在正面图上面画有上弦塞焊示意图，表明上弦杆与节点板和填板之间的连接情况。

1—1 剖面图位于正面图端节点（即支撑节点）之下（其剖切位置示于正面图中），它主要表示屋架的支撑情况。

4.4.2.2　钢屋架结构图中的杆件零件编号、尺寸标注和焊缝的表示

整个屋架是由各杆件和零件组成的，需要表明它们的大小和相对位置尺寸。为便于拼装，还需要将各杆件和零件加以编号。

（1）编号。在钢屋架图中，每种不同形状、不同尺寸的杆件和零件均需编号。编号次序可按弦杆、腹杆、节点板、填板等的次序依次编写。编号注写方式是将号码写在用细实线画的小圆圈（直径 6~8mm）内，并用引出线指向该杆件或零件的投影。

（2）尺寸标注。各杆件或零件的大小尺寸，用符号和数字注写在编号引出线的横线的上边和下边。例如下弦杆②的引出线的横线上注写有 2L30×4，横线下写有 8280，表明下弦杆由两根角钢（2L30×4）组成，每根长 8280mm。

节点板用同样方式注明其大小，但应注意该尺寸是备料尺寸。例如下弦杆中间节点的节点板 12，引出线的横线上下注有 −150×6 和 210，表明该节点板由一块长 210mm、宽 150mm、厚 6mm 的钢板裁切而成。详细尺寸在图中注出。若详细尺寸在图中不便标注时，

则另画节点板详图表明其尺寸。

标注各杆件、零件的相对位置尺寸，首先应注出上弦和下弦杆各节点间的距离以及屋架的高度。在每一节点处以各杆件中心线的交点为基准，注出各杆件端节点和节点板边到交点的距离。例如在端节点处注出了上弦杆①的左端伸出上、下弦杆交点815mm，下弦杆②的左端距交点210mm，节点板⑦的边距交点120mm、310mm、140mm。此外还应注出组成各杆件的型钢背到中心线的距离。例如上弦杆的角钢背距上弦中心线15mm，下弦角钢背距下弦中心线10mm。

（3）焊缝代号按规定画出。由于许多焊缝高度相同，不必一一注写，在附注中作总说明即可。

4.4.3 零件详图

在钢结构图中，对表示不清楚的零件，必须另画详图，这些详图可画在单独的图幅内，也可画在钢结构详图的同一图幅内。在图4-10的钢屋架结构图中，就包括零件详图。如节点板⑦等。在零件详图中，较详细地标注了它们的尺寸。

4.4.4 钢屋架结构图的阅读

阅读钢屋架结构图时，先从屋架简图中了解结构的总体布置及尺寸，再查明详图中有几个投影，它们的相互关系如何，并结合零件图分析各杆件、零件的几何形状、尺寸及相互关系。

4.4.4.1 首先弄清各杆件的组成情况

根据图4-10正面图、侧面图、辅助投影及上弦杆塞焊示意图可以看出，上弦杆①是由两根角钢（L63×5）背靠背组成的。因为节点板厚度为6mm，所以两角钢之间有6mm的缝隙，相隔一定距离放一块填板用来保证两角钢之间的距离。为了连接檩条，在上弦杆的上面设置了由钢板弯成的零件⑲。零件⑲由贴角焊缝焊接在上弦杆上，每隔764mm或684mm设置一个。零件⑲与檩条（图中未示）在现场连接。由辅助投影的左端还可看出，在上弦杆的角钢翼缘上焊有两块角钢⑳，这是为连接屋架间的系杆用的。

下弦杆②较简单，从正面图、侧面图和局部水平投影可知，它是由两根背靠背的角钢（L30×4）组成的，中间夹有填板⑰。

由正面图和侧面图可知，竖杆⑥是由两根相错的角钢（L40×4）组成的，一根在节点板之前，另一根在后，它们之间夹有三块填板⑰。

斜杆⑤也是由两根背靠背的角钢组成的，其间夹有三块填板⑰。斜杆③和④则是一个角钢，而斜杆③位于节点板之后。

4.4.4.2 看清各节点处的构造情况

节点是杆件的汇交点，构造较复杂，需联系各有关图形分析研究才能正确理解。现以端节点和屋脊处节点为例说明。

端节点是上弦杆和下弦杆的连接点，由正面图、侧面图和1—1剖面图表示出节点板⑦夹在上下弦杆角钢之间，并用贴角焊和塞焊连接。而屋架在端节点处是用焊接、螺栓连接使用底板与墙连接。垫板是在安装后再与底板⑭焊接的，所以采用现场安装焊缝符号表示。

  屋脊处节点连接了上弦杆、斜杆和竖杆，主要由正面图和侧面图表示。从图 4-10 中可以看出各杆件与节点板的相对位置。为了加强左右两根上弦杆的连接，用了拼接角钢⑱。由屋脊节点图 4-11 所示可以知道，拼接角钢在中部裁成 V 形缺口，将其弯折后与左右两根上弦杆焊接，前后各一块，共两块。一般当节点构造复杂时须单独绘制节点图，节点图的比例可采用 1∶10 或更大些，如图 4-11 所示。

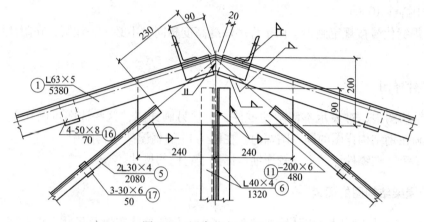

图 4-11 屋脊节点图 （1∶5）

4.4.5 钢屋架结构详图的画法

  （1）按规定比例 1∶100 或 1∶200 画出屋架简图；用 1∶20 或 1∶15 画出屋架详图中各杆件的轴线。注意：屋架的轴线与杆件的中心线重合。

  （2）根据杆件型钢的型号、中心线位置和节点中心至杆件端面的距离，用 1∶10 的比例画出各杆件的轮廓线，然后画节点板、拼接角钢和填板等。

  （3）画出上弦杆的辅助投影、支座处和屋脊节点处的剖面以及需要画的零件详图。

  （4）标注型钢代号、焊缝代号、图形符号及尺寸等。

  （5）检查无误后加深图线。可见轮廓线用中实线画出，不可见轮廓线用中虚线画出，其余全部用细实线画出。

  （6）注写尺寸数字、编号、文字说明以及填写标题栏。

复 习 题

4-1 何谓钢结构图和型钢？

4-2 钢结构中型钢的连接方法有几种？

4-3 按焊缝的形状及其被焊件的相互位置，焊缝类型有几种？

4-4 简述焊缝代号主要由几部分组成。

4-5 简述焊缝的标注方法。

4-6 简述下承式简支栓焊桁架梁由几个部分组成。

4-7 何谓钢梁结构图，由几个部分组成？

4-8 何谓钢梁的设计轮廓图，由几个部分组成？

4-9 何谓钢梁的节点图，由几个部分组成？

4-10 钢梁的主桁简图有何特点？

4-11 简述钢梁节点图的尺寸标注有几种类型。

4-12 简述钢梁节点图的画法。

4-13 何谓钢屋架结构图，由几个部分组成？

4-14 钢屋架简图有何特点？

4-15 简述钢屋架详图的表达方法。

4-16 简述钢屋架结构图中的杆件零件编号、尺寸标注和焊缝的表示方法。

4-17 简述钢屋架结构图的阅读和画法。

5 钢筋混凝土结构图

5.1 概 述

混凝土是一个人造石材，由水泥、砂子、石子和水按一定的比例配合拌制而成的建筑材料。凝固后的混凝土，质坚如石，抗压能力较强，但其抗拉能力很差（一般为抗压能力的 1/20~1/10），如图 5-1（a）所示。为了避免混凝土因受拉而破损，根据构件的受力情况，在混凝土中配置一定数量的钢筋，使其与混凝土结合成为一个整体，共同承受外力，如图 5-1（b）所示。这种配有钢筋的混凝土称为钢筋混凝土。

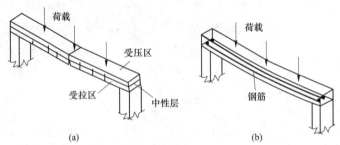

图 5-1 混凝土梁及钢筋混凝土梁受力示意图
（a）纯混凝土梁；（b）钢筋混凝土梁

用钢筋混凝土制成的梁、板、柱、基础等，称为钢筋混凝土构件。如果构件是预先制好，然后运到工地安装的，称为预制钢筋混凝土构件；如果构件是在现场直接浇制的，称为现浇钢筋混凝土构件。此外，还有些构件，制作时先对混凝土预加一定的压力，以提高构件的强度和抗裂性能，这种构件称为预应力钢筋混凝土构件。

主要由钢筋混凝土构件组成的建筑结构，称为钢筋混凝土结构。全部用钢筋混凝土构件承重的结构物，称为框架结构；建筑物用砖墙承重，屋面、楼层、楼梯用钢筋混凝土板和梁构成结构，称为混合结构；外围用砖墙承重，屋内用钢筋混凝土板、梁、柱承重的房屋，称为内框架结构。

表示钢筋混凝土构件的图样称为钢筋混凝土结构图。其结构图样有两种：一种是外形图（又称为模板图），主要表明构件的形状和大小；另一种是钢筋布置图，主要表明这类结构物中钢筋的配置情况。

5.2 钢筋的基本知识

5.2.1 混凝土强度等级，钢筋的种类及符号

混凝土的强度等级分为 C7.5、C10、C18、C20、C25、C30、C35、C40、C45、C50、

C55 及 C60 等不同层次等级，数字越大表示混凝土抗压强度越高。

钢筋按其强度和品种分成不同的等级，并用不同的直径符号表示，见表 5-1。

表 5-1 常用钢筋的种类和符号

种　　类	符　　号
Ⅰ级钢筋（如 3 号光面钢筋）	Φ
Ⅱ级钢筋（如 20 锰硅肋纹钢筋）	Φ̲
Ⅲ级钢筋（如 25 锰硅肋纹钢筋）	Φ̲
Ⅳ级钢筋（如硅锰钒肋纹钢筋）	Φ̲

5.2.2　钢筋的分类

配置在钢筋混凝土构件中的钢筋，按其作用不同可分为下列几种，如图 5-2 所示。

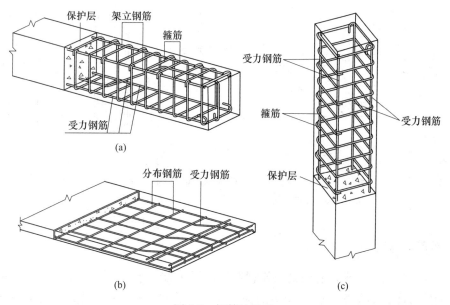

图 5-2　钢筋的形式

（1）受力钢筋。构件中主要受力的钢筋。在梁、板、柱等各种钢筋混凝土构件中均有配置，其中在梁、板中还分为直钢筋和弯起钢筋两种。

（2）箍筋（钢箍）。主要用于固定受力钢筋的位置，在梁中承受剪力或扭力，在构造上能固定纵向受力筋的间距和位置，在柱中还能防止纵向受力筋被压屈和约束混凝土横向变形的钢筋。

（3）架立钢筋。在梁中用以固定箍筋位置，与受力筋和箍筋一起形成骨架的钢筋。

（4）分布钢筋。在板中与受力钢筋垂直，用以固定受力筋位置；使力均匀分布给受力筋，并抵抗由于热胀冷缩所引起的温度变形。

（5）构造钢筋。因构件的构造要求和构成钢筋骨架所需要配置的钢筋。

（6）其他钢筋。如吊环、系筋和预埋锚固筋等。

5.2.3　钢筋的弯钩

为了增强钢筋与混凝土的黏结力，钢筋两端需做成弯钩。若采用Ⅱ级、Ⅱ级以上钢筋或者表面带突纹的钢筋，一般两端不必做弯钩。

钢筋的弯钩有两种标准形式，即带有平直部分的半圆弯钩和直角弯钩，其形状和尺寸如图 5-3（a）、（b）所示。图中用双点划线表示出了弯钩的理论计算长度，计算钢筋总长时，必须加上该段长度。钢箍的弯钩形式如图 5-3（c）所示。钢箍末端两个弯钩长度见表 5-2。

表 5-2　箍筋弯钩增加长度 （mm）

钢箍直径	受力钢筋直径	
	≤25	28～40
4～10	150	180
12	180	240

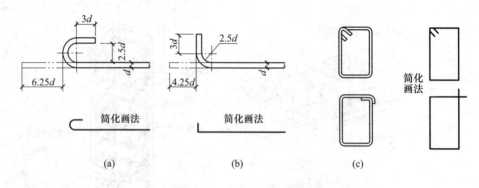

图 5-3　钢筋和钢箍的弯钩
（a）半圆弯钩；（b）直角弯钩；（c）钢箍的弯钩

5.2.4　钢筋的弯起

根据构件的受力要求，有时需将排列在构件下部的部分受力钢筋弯到构件上部去，这称为钢筋的弯起。如图 5-2（a）所示的钢筋混凝土梁中，中间的一根钢筋由梁的下部弯起到梁的上部。

5.2.5　钢筋的表示方法

为了明显表示钢筋混凝土构件中钢筋配置情况，在钢筋混凝土构件详图中一般不画钢筋混凝土的材料图例。而假定混凝土为透明体，用细实线画出构件外轮廓，用粗实线或黑圆点（钢筋断面）画出内部钢筋。钢筋的表示方法应符合表 5-3 的规定。

5.2.6　钢筋的标注

对于不同等级、不同直径、不同形状的钢筋应给予不同的编号（以阿拉伯数字依次编写，编号圆圈是直径为 6mm 的细实线）和标注，标注通常有以下两种形式，如图 5-4（a）、（b）所示。

表 5-3 钢筋的表示方法

内 容	表示法	内 容	表示法
1. 端部无弯钩的钢筋		6. 带直钩的钢筋搭接	
2. 无弯钩的长短钢筋投影重叠时,可在短钢筋端部画45°短划		7. 无弯钩的钢筋搭接	
3. 端部带丝扣的钢筋		8. 一组相同的钢筋可用粗实线画出其中一根来表示,同时用数横穿细线表示起止范围	
4. 在平面图中配置双层钢筋时,底层钢筋弯钩应向上或向左,顶层钢筋则向下或向右	底层 顶层	9. 图中所表示的箍筋、环筋,如布置复杂,应加画钢筋大样及说明	或
5. 带半圆弯钩的钢筋搭接			

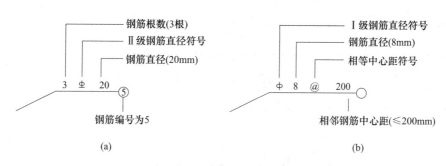

图 5-4 钢筋的标注方法

（a）标注钢筋的根数、等级、直径；（b）标注钢筋的等级、直径和相邻钢筋的中心距

5.2.7 钢筋的保护层

为了防止钢筋锈蚀,提高耐火性,保证钢筋和混凝土有良好的黏结力,钢筋的外边缘到构件表面必须有一定厚度,称为混凝土保护层（图 5-2）。保护层厚度在结构图中不必标注,但在施工中必须按钢筋混凝土结构设计规范规定执行（表 5-4）。一般梁、柱的保护层最小厚度为 25mm,板和墙的保护层厚度为 10~15mm。

表 5-4 钢筋混凝土构件的保护层

构 件 种 类		保护层厚度/mm
板	断面厚度≤100mm	10
	断面厚度>100mm	18
梁 和 柱		25
基础	有垫层	35
	无垫层	70

5.3 钢筋布置图的内容及特点

钢筋布置图采用正投影原理绘制，根据钢筋混凝土结构的特点，在表示方法和标注尺寸等方面，有其独特之处。钢筋混凝土构件详图一般包括模板图、配筋图、预埋件详图及钢筋表（或材料用量表）。而配筋图又分为立面图、断面图和钢筋详图。在图中主要表明构件的长度、断面形状与尺寸及钢筋的形式与配置情况，也可表示模板尺寸、预留孔洞与预埋件的大小和位置，以及轴线和标高。所以它是制作构件时为安装模板、钢筋加工和绑扎等工序提供依据。如果是现浇构件，还应表明构件与支座及其他构件的连接关系。

5.3.1 钢筋混凝土梁详图

5.3.1.1 立面图和断面图

立、断面图主要用来表示钢筋的配置关系。凡是钢筋排列有变化的部位，一般都应画出它的断面图。如图 5-5 所示钢筋混凝土梁，是画了 1—1 和 2—2 两个断面图配合立面图表示钢筋的配置关系。对于板形构件，则常用平面图和断面图表示。

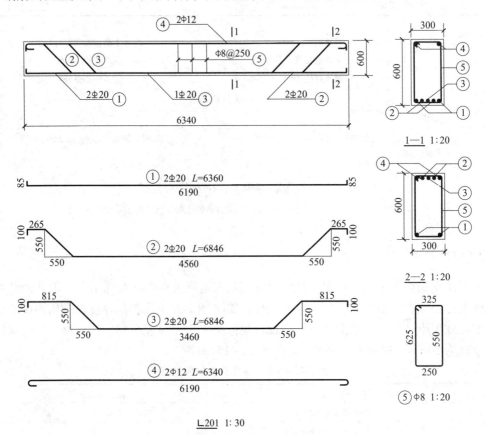

图 5-5 钢筋混凝土梁的配筋

为了突出表示构件中的钢筋配置，规定将构件的外形轮廓线用细实线画出，钢筋用粗实线画出，钢筋的断面用小黑圆点表示。在断面图中，不画材料图例。

绘制立面图的比例可用 1：50 或 1：40，断面图的比例可比立面图放大一倍，即用 1：25 或 1：20 画出。

当构件的钢筋层次较多，布置又较复杂时，可以采用分层平面图来表示。

在立面图和断面图上应标注构件的外形尺寸。如图 5-5 中梁的长度 6240，断面宽度 300，高度 600。

5.3.1.2 钢筋详图

为了便于钢筋的下料和加工成型，对配筋较复杂的构件，除画出立面图和断面图之外，还应画出钢筋详图（或称钢筋成型图）。

钢筋详图画在立面图的下方，并与立面图对齐，比例与立面图相同。同一编号的钢筋只需画出一根的详图。

每种钢筋的详图除应依次标注钢筋的编号、数量、规格和直径大小外，还应注出钢筋的每分段长度、弯起角度和钢筋设计长度。如图 5-5 中④号钢筋详图，钢筋线下面的数字 6190 表示钢筋两端弯钩外皮切线之间的直线尺寸（等于梁的总长减去两端保护层厚），钢筋线上面的数字 $L=6340$ 是钢筋的设计长度，即等于上述直线段长加两倍标准弯钩长：$6190+2\times6.25\times12=6340$。钢筋的弯起角度是用两直角边的实际尺寸表示的，如②号钢筋用 550、550 表示其弯起角度。需要指出，钢筋量度的方法是沿直线量外包尺寸，因此，弯起钢筋的设计尺寸大于下料尺寸，同时，钢筋的标准弯钩也因钢筋粗细和加工机具条件不同而影响平直部分的长短。所以，在施工时，要根据施工手册规定的调整数值重新计算下料长度。

5.3.1.3 钢筋表

为了便于编制施工预算和统计用料，在配筋图上需列出钢筋表，表内有说明构件的名称、数量，钢筋编号与规格、钢筋直径、长度、根数、总长和重量等，有时还列出钢筋简图，如图 5-5 所示的钢筋混凝土梁的钢筋表，见表 5-5。

表 5-5 钢筋构件表

构件名称	构件数	钢筋编号	钢筋规格	简 图	长度/mm	每件根数	总根数	总长/m	重量/kg
L201	4	①	⚊20		6360	2	8	50.880	
		②	⚊20		6846	2	8	54.768	
		③	⚊20		6846	1	4	27.384	
		④	φ12		6340	2	8	50.720	
		⑤	φ8		1766	25	100	176.600	
		总　计							

5.3.1.4 钢筋编号

为区别构件中的钢筋类别（直径、钢材、长度和形状）应将钢筋编号。

（1）编号次序。按钢筋的主次和钢筋直径的大小进行编写，如将直径大的编在前面，小的编在后面，受力钢筋在前面，钢箍、吊环等编在后面。

（2）编号方法。将编号的钢筋用细实线画引出线，在水平段端部用细实线画以直径为6mm 的圆圈，并填写钢筋编号。在引出线水平段上面，按顺序写出钢筋数量、钢筋代号和直径大小，如是箍筋，还应注明放置的间距。如图 5-5 立面图中编号为②的钢筋，是两根直径为 20 的Ⅱ级钢筋；为了确切地表明它的立面位置，在弯起部位注上②；②号钢筋在构件中的前后位置关系在 1—1 断面图中已表示清楚。⑤号箍筋是直径为 8 的Ⅰ级钢筋，@250 表示每隔 250mm 放置一个。立面图中的箍筋不用全部画出，画出 3 个标明即可。

编号标注方法除按规定填写在圆圈内，也可以在编号前加注符号 N 来表示，如图 5-6（a）所示；对于排列过密的钢筋，可采用列表法，如图 5-6（b）所示。

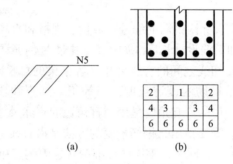

（a）　　　　　　　　（b）

图 5-6　钢筋编号的标注

5.3.2　钢筋混凝土柱详图

一般民用建筑混凝土柱的结构详图其图示内容、特点与梁基本相同。在此举例说明较复杂的单层工业厂房预制钢筋混凝土柱的图示内容和特点。图 5-7 所示的柱结构详图包括模板图、配筋图和预埋件详图。

5.3.2.1　模板图（比例 1：30）

柱子模板图常用立面图表示，用细实线绘制。主要表示柱子外形和各部位的基本尺寸、预埋件的定位尺寸、各部位的标高、拉结筋的分布等。该柱长 10800mm，分上柱（牛腿以上为上柱，主要是用来支撑屋架的，断面较小，为 400mm×350mm）和下柱（牛腿以下为下柱，受力较大，故断面较大，为 400mm×600mm）。在柱顶设有预埋件 M_1 以便将来与屋架焊接，牛腿处设有预埋件 M_2，M_2 是为安装吊车梁时焊接用的。此外为了使柱子与外墙和圈梁拉结，在柱侧面预埋了连墙筋 $\phi6@600$，以及 $\phi12$ 的拉结筋。

5.3.2.2　配筋图

柱子配筋图的表达与梁相同，包括立面图（比例：1：30）、断面图（比例：1：20）和钢筋表（略）。从图中可看出上柱受力筋为 6Φ18，编号为①，下柱受力筋为 6Φ18，编号为②，上下柱受力筋均伸入牛腿，使柱子上下联成一体。牛腿处根据受力和牛腿形状配置了弯折钢筋，用编号④、⑤表示。箍筋沿柱高设置不同，不必逐一画出，而是将各段箍筋变化情况注明在立面图的尺寸线上，根据钢筋的配置和柱形状的不同，分别绘制了 1—1、2—2、3—3 断面图。

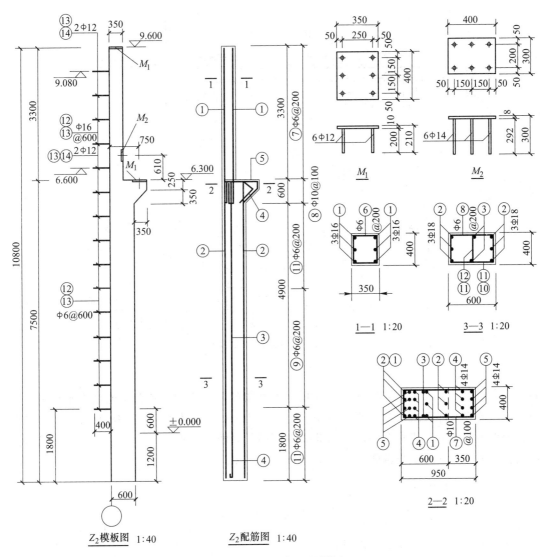

图 5-7　钢筋混凝土柱详图

5.3.2.3　预埋件详图

凡在模板图中出现的预埋件，均应绘出详图来表示其形状、大小、材料及其做法，以利于加工制作。如图 5-7 中 M_1 和 M_2。

5.3.3　钢筋混凝土现浇梁详图

对于现浇构件，除了具有与预制构件图相同的特点外，在图中还应画出与该构件有关的邻近构件的一部分，以明确其所处的位置。图 5-8 所示为某办公楼大门处编号为 L-1 现浇梁的配筋图。如立面图左边表示与圈梁相连，右边的细线和图内的两条细实线表示了雨篷。此外，还表示了支撑梁的柱子 Z-1 和 Z-2，两柱的轴间距为 5100mm。由 1—1 断面可知，梁的截面尺寸为 220mm×550mm。

从立面图和断面图可知，梁下部共有 3 根直径为 18 的 Ⅱ 级钢筋，其中编号为 ②的钢

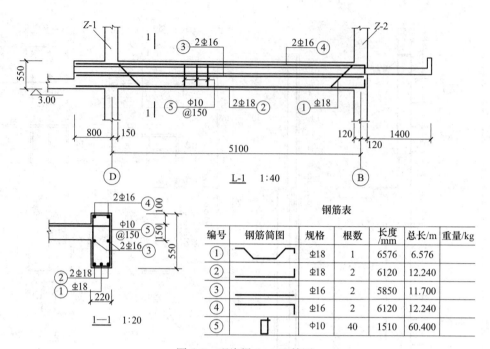

图 5-8　现浇梁 L-1 配筋图

筋右端弯成直角，长 150mm；编号为①的钢筋在梁的两端弯起，其右端也是弯成直角，长 150mm。梁的上部有两根右端弯成直角、直径为 16mm、编号为④的Ⅱ级钢筋。梁的中部配有两根编号为③、直径为 16mm 的Ⅱ级直钢筋。立面图中画出 3 个编号为⑤的箍筋，箍筋是直径为 10mm 的Ⅰ级钢筋，每隔 150mm 放置一根。

5.3.4　钢筋布置图中尺寸的注法

5.3.4.1　结构外形的尺寸

结构外形的尺寸注法和一般结构物一样。

5.3.4.2　钢筋的尺寸注法

A　钢筋的大小尺寸

在钢筋配筋图（成型图）上必须标注钢筋的直径、根数和长度，如图 5-5 所示。

在立面图和平面图中，对于钢筋一般只标注编号，有时也标注钢筋直径和数量。

在断面图和剖面图上除标注编号外，有时也标注钢筋的直径和数量，例如图 5-5 中的 1—1 和 2—2 断面图。

钢箍尺寸注在编号引线上。在直径前写上“箍”字，同时还需注明间距。

B　钢筋的定位尺寸

钢筋的定位尺寸，一般标注在该钢筋的横断面图中，尺寸界线通过钢筋断面中心。若钢筋的位置安排符合规范中保护层厚度及两根钢筋间最小距离的规定，可以不标注钢筋的定位尺寸。如图 5-5 中 1—1 及 2—2 断面图。

对于按一定规律排列的钢筋，其定位尺寸常用注解形式写在编号引出线上。如图 5-5

中所示的φ8@250。为使图面清晰，同类型、同间距的箍筋在图上一般只要画出两三个就够了。

板内同类型、同间距的钢筋在图上一般只需画一根。

5.3.4.3　钢筋的成型尺寸

在钢筋弯起图上，应逐段标注钢筋的长度，尺寸数字直接写在各段旁边，不画尺寸线和尺寸界线。

弯起钢筋中倾斜部分的斜度一般用直角三角形标注，如图 5-5 中的②号和③号钢筋的成型图所示。

带有弯钩的钢筋，当弯钩为标准尺寸时，一般不再标注尺寸。

5.3.4.4　尺寸单位

钢筋尺寸以 mm 计，图中不需要再说明。

复　习　题

5-1　何谓混凝土和钢筋混凝土？它的特点是什么？

5-2　配置在钢筋混凝土构件中的钢筋可分几类？

5-3　何谓钢筋的弯钩和弯起？它的作用是什么？

5-4　在钢筋混凝土构件详图中钢筋如何表示？

5-5　何谓钢筋的保护层？对保护层厚度有何要求？

5-6　简述钢筋混凝土构件详图有几个部分组成。

5-7　简述钢筋混凝土梁和柱详图的特点。

5-8　在钢筋混凝土构件详图中钢筋编号有何要求？

5-9　钢筋布置图中钢筋的尺寸标注方法有何要求？

6 建筑施工图

6.1 概　述

房屋是供人们生活、生产、工作、学习和娱乐的场所，与人们关系密切。它的建造是国家基本建设任务的一项重要内容。

将一幢拟建房屋的内外形状和大小，以及各部分的结构、构造、装修、设备等内容，按照国家制图标准的规定，用正投影方法，详细准确地画出的图样，称为"房屋建筑图"。它是用以指导施工的一套图纸，所以又称为"施工图"。

6.1.1　房屋的组成及其作用

房屋建筑根据使用功能和使用对象的不同通常分为工业建筑（如厂房、仓库）、农业建筑（如粮仓、饲养场、温室）以及民用建筑三大类，其中民用建筑又分为居住建筑（如住宅、公寓等）和公共建筑（如商场、旅馆、车站、学校、医院等）。但其基本的组成内容是相似的。现以图6-1所示的一幢三层（局部四层）办公楼为例，将房屋各组成部分的名称及其作用先作简单介绍。

（1）楼房的第一层称为底层（或称一层或首层），往上数，称二层、三层、…、顶层（本例的主体三层、局部四层为顶层）。

（2）房屋是由许多构件、配件和装修构造组成的。从图6-1中可知它们的名称和位置。这些构件、配件和装修构造，有些起着直接或间接地支撑风、雪、人、物和房屋本身重量等荷载的作用，如屋面、楼板、梁、墙、基础等；有些起着防止风、沙、雨、雪和阳光的侵蚀或干扰的作用，如屋面、雨篷和外墙等；有些起着沟通房屋内外或上下交通的作用，如门、走廊、楼梯、台阶等；有些起着通风、采光的作用，如窗等；有些起着排水的作用，如天沟、雨水管、散水、明沟等；有些起着保护墙身的作用，如勒脚、防潮层等。

6.1.2　施工图的产生及其分类

房屋的建造一般需经设计和施工两个过程，而设计工作一般又分为两个阶段：一是初步设计；二是施工图设计。对一些技术上复杂而又缺乏设计经验的工程，还应增加技术设计（或称扩大初步设计）阶段，作为协调各工种的矛盾和绘制施工图的准备。

初步设计的目的，是提出方案，详细说明该建筑的平面布置、立面处理、结构选型等内容。施工图设计是为了修改和完善初步设计，以符合施工的需要。现将两阶段的设计工作简单介绍如下。

6.1.2.1　初步设计阶段

（1）设计前的准备。接受任务，明确要求，学习有关政策，收集资料，调查研究。

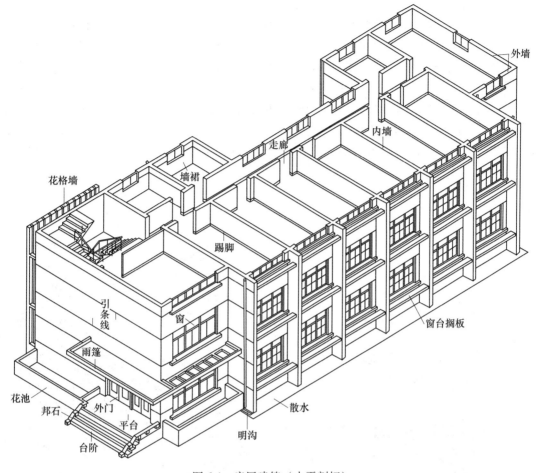

图 6-1 房屋建筑（水平剖切）

（2）方案设计。方案设计主要通过平面、剖面和立面等图样，把设计意图表达出来。

（3）绘制初步设计图。方案设计确定后，需要进一步解决构件的选型、布置和各工种之间的配合等技术问题，从而对方案做进一步的修改。图样用绘图仪器按一定比例绘制好后，送交有关部门审批。

1）初步设计图的内容。总平面布置图，建筑平、立、剖面图。

2）初步设计图的表现方法。绘图原理及方法与施工图一样，只是图样的数量和深度（包括表达的内容及尺寸）有较大的区别。同时，初步设计图图面布置可以灵活些，图样的表现方法可以多样些。例如：可画上阴影、透视、配景，或用色彩渲染，或用色纸绘画等，以加强图面效果，表示建筑物竣工后的外貌，以便比较和审查；必要时还可做出小比例的模型来表达。

6.1.2.2 施工图设计阶段

施工图设计主要是将已经批准的初步设计图，从满足施工的要求予以具体化。为施工安装，为编制施工图预算，为安排材料、设备和非标准构配件的制作提供完整的、正确的图纸依据。

一套完整的施工图，根据其专业内容或作用的不同，一般分为：

（1）图纸目录。先列新绘制的图纸，后列所选用的标准图纸或重复利用的图纸。

（2）设计总说明（即首页）。内容一般应包括：施工图的设计依据；本工程项目的设计规模和建筑面积；本项目的相对标高与总图绝对标高的对应关系；室内室外的用料说明，如砖标号、砂浆标号、墙身防潮层、地下室防水、屋面、勒脚、散水、台阶、室内外装修等做法（可用文字说明或用表格说明，也可直接在图上引注或加注索引符号）；采用新技术、新材料或有殊要求的做法说明；门窗表（如门窗类型、数量不多时，可在个体建筑平面图上列出）。以上各项内容，对于简单的工程，可分别在各专业图纸上写成文字说明，如图 6-2 所示。

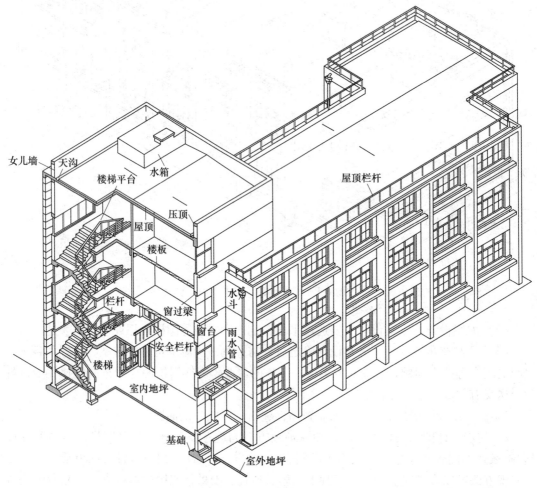

图 6-2　房屋建筑（垂直剖切）

（3）建筑施工图（简称建施）。包括总平面图、平面图、立面图、剖面图和构造详图。

（4）结构施工图（简称结施）。包括结构平面布置图和各构件的结构详图。

（5）设备施工图（简称设施）。包括给水排水、采暖通风、电气等设备的布置平面图和详图。

6.1.3　施工图中常用的符号

6.1.3.1　定位轴线

在施工图中通常将房屋的基础、墙、柱、墩和屋架等承重构件的轴线画出，并进行编号，以便于施工时定位放线和查阅图纸。这些轴线称为定位轴线。

（1）线型。根据"国家标准"规定，定位轴线采用细点划线表示。轴线编号的圆圈用细实线，直径一般为8mm，详图上为10mm，如图6-3所示。

（2）编号方法。在圆圈内写上编号。在平面图上水平方向的编号采用阿拉伯数字，从左向右依次编写。垂直方向的编号，用大写拉丁字母自下而上顺次编写。拉丁字母中的I、O及Z三个字母不得作轴线编号，以免与数字1、0及2混淆。在较简单或对称的房屋中，平面图的轴线编号，一般标注在图形的下方及左侧。较复杂或不对称的房屋，图形上方和右侧也可标注。

对于一些与主要承重构件相联系的次要构件，它的定位轴线一般作为附加轴线，编号可用分数表示。分母表示前一轴线的编号，分子表示附加轴线的编号，用阿拉伯数字顺序编写，如图6-3（a）所示。在画详图时，如一个详图适用于几个轴线时，应同时将各有关轴线的编号注明，如图6-3（c）～（e）所示。

定位轴线也可采用分区编号，其注写形式可参照"国家制图标准"有关规定。

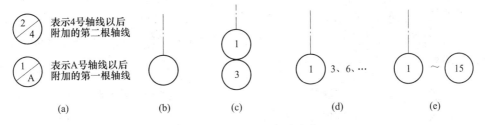

图6-3　定位轴线的各种注法

（a）附加轴线；（b）通用详图的轴线号，只用圆圈，不注写编号；（c）详图用于两个轴线；
（d）详图用于3个或3个以上轴线；（e）详图用于3个以上连续编号的轴线

6.1.3.2　标高符号

在总平面图、平面图、立面图和剖面图上，经常用标高符号表示某一部位的高度。各图上所用标高符号应按图6-4（a）所示形式以细实线绘制。具体画法如图6-4（b）所示。标高数值以 m 为单位，一般注至小数点后三位数（总平面图中为两位数）。在"建施"图中的标高数字表示其完成面的数值。如标高数字前有"－"号的，表示该处完成面低于零点标高。如数字前没有符号的，则表示高于零点标高。如同一位置表示几个不同标高时，数字可按图6-4中（d）的形式注写。

6.1.3.3　索引符号

为方便施工时查阅图样，在图样中的某一局部或构件，如需另见详图时，常用索引符号注明画出详图的位置、详图的编号以及详图所在的图纸编号，并按"国家标准"规定标注。方法如下：

索引符号用一引出线指出要画详图的地方，在线的另一端画一细实线圆，其直径为

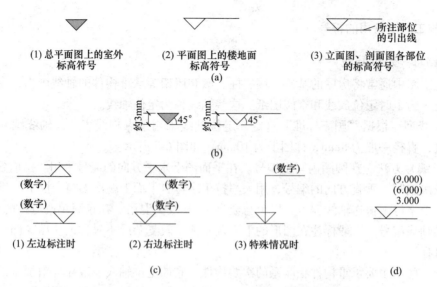

图 6-4   标高符号

（a）标高符号形式；（b）具体画法；（c）立面图与剖面图上标高符号注法；（d）多层标注时

10mm，引出线应对准圆心，圆内过圆心画一水平线，上半圆中用阿拉伯数字注明该详图的编号，下半圆中用阿拉伯数字注明该详图所在图纸的图纸号，如图 6-5（a）所示。如详图与被索引的图样同在一张图纸内，则在下半圆中间画一水平细实线，如图 6-5（b）所示。索引出的详图，如采用标准图，应在索引符号水平直径的延长线上加注该标准图册的编号，如图 6-5（c）所示。

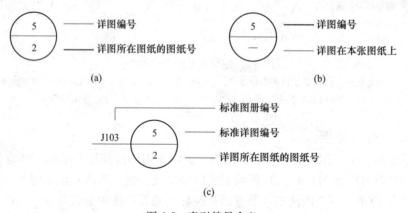

图 6-5   索引符号含义

当索引符号用于索引剖面详图时，应在被剖切的部位绘制剖切位置线。引出线所在一侧应为剖视方向，如图 6-6（a）表示向下剖视。

6.1.3.4   详图符号

详图符号表示详图的位置和编号，它用一粗实线圆绘制，直径为 14mm。详图与被索引的图样同在一张图纸内时，应在符号内用阿拉伯数字注明详图编号，如图 6-7（a）所示。

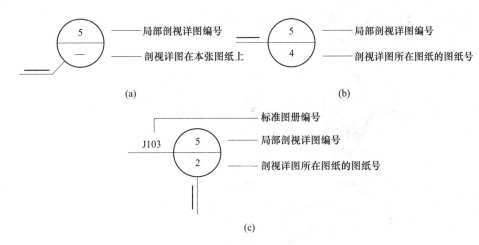

图 6-6 用于索引剖面详图的索引符号含义

如不在同一张图纸内，可用细实线在符号内画一水平直径，在上半圆中注明详图编号，在下半圆中注明被索引图纸号，如图 6-7（b）所示。也可不注被索引图纸的图纸号。

图 6-7 详图符号含义

6.1.3.5 零件、钢筋、杆件、设备等的编号

本编号应用阿拉伯数字按顺序编写，并应以直径为 6mm 的细实线圆绘制，如图 6-8 所示。

6.1.3.6 指北针

指北针用细实线绘制，圆的直径为 24mm。指针尖为北向，指针尾部宽度宜为 3mm，指针头部应标注"北"或"N"字。需用较大直径绘制指北针时，指针尾部宽度为直径的 1/8。如图 6-9 所示。

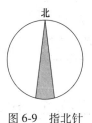

图 6-8 零件、钢筋等的编号　　图 6-9 指北针

6.1.3.7 风向频率玫瑰图

风向频率玫瑰图简称风玫瑰图，用来表示该地区常年的风向频率和房屋的朝向。风玫瑰图是根据当地多年平均统计的各个方向吹风次数的百分数，按照一定比例绘制的。风的

吹向从外吹向中心。实线表示全年风向频率，虚线表示按 6 月、7 月、8 月 3 个月统计的夏季风向频率。如图 6-10 所示。

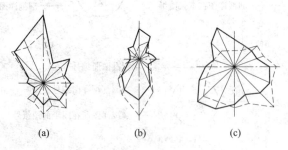

(a)   (b)   (c)

图 6-10   风向频率玫瑰图
（a）6 月；（b）7 月；（c）8 月

6.1.3.8 常用建筑材料图例

常用建筑材料图例见表 6-1。

表 6-1   常用建筑材料图例

名称	图例	说明	名称	图例	说明
自然土壤		包括各种特点	混凝土		
夯实土壤			钢筋混凝土		断面较窄，不易画出图例线时，可涂黑
砂、灰土		靠近轮廓线点较密的点	玻璃		
毛石			金属		包括各种金属，图形小时，可涂黑
普通砖		包括砌体、砖块、断面较窄，不易画图例线时，可涂红	防水材料		构造层次多或比例较大时，采用上面图例
空心砖		包括各种多孔砖	胶合板		应注明×层胶合板
木材		上图为横断面，下图为纵断面	液体		注明液体名称

6.2 总 平 面 图

6.2.1 图示方法及用途

将拟建建筑物四周一定范围内的新建、原有和拆除建筑物、构筑物连同其周围地形地物状况，用水平投影方法和有关图例画出的图样称为总平面图。它能反映建筑的平面形状、位置、朝向和与周围环境的关系，是新建建筑物定位、土方施工以及水、暖、电等管线总平面布置的依据，如图 6-11 所示。

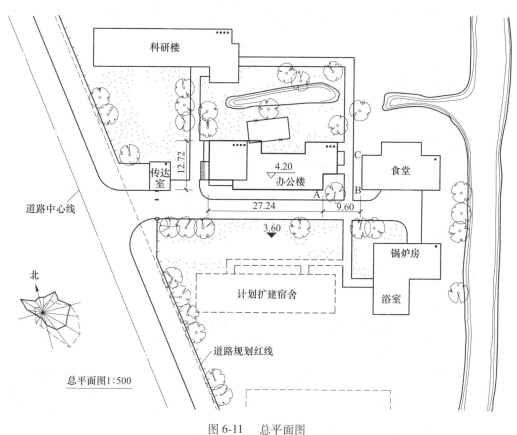

图 6-11 总平面图

6.2.2 图示内容及特点

（1）新建房屋的占地范围在总平面图中用粗实线表示，这个范围是新建房屋底层平面的外轮廓线。右上方小黑点数表示房屋层数。

（2）确定新建房屋的平面位置（即定位）。一般可根据原有房屋或道路来定，定位时应标注尺寸。如新建办公楼 A 处东墙平行于原有建筑食堂的西墙 BC，两者距离 9.60m，办公楼 A 处南立面与食堂南立面平齐。

对一些较大的工程，往往用坐标来确定它们的位置。当地形起伏较大时，还应画出等高线。

（3）指北针或风向频率玫瑰图（简称风玫瑰图）中的指北箭头表示房屋的朝向。从图 6-10 中可以看出，新办公楼朝南偏西。

（4）注明新建房屋底层和室外平整后地坪的绝对标高。

（5）地貌、地物等，均用《总标》所规定的图例表示，见表 6-2。

（6）总平面图中的坐标、标高、距离等，均以 m 为单位，并取至小数点后两位，不足时以"0"补齐。标高符号用高为 3mm 的等腰直角三角形表示。

（7）总平面图因包括的地方较大，常用较小的比例绘制，如 1：2000、1：1000、1：500 等。

表 6-2　总平面图常用图例

图例	表示意义	图例	表示意义
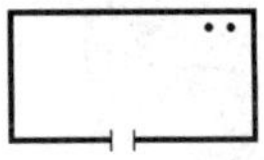	新建的建筑物	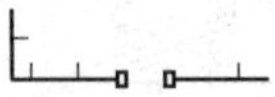	圬工围墙及大门
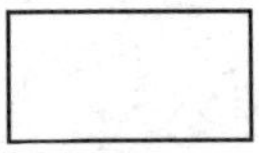	原有的建筑物	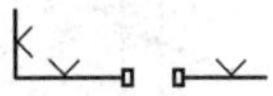	刺线围墙及大门
	计划扩建的预留地或建筑物		露天桥式起重机
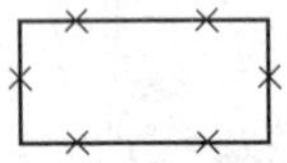	拆除的建筑物	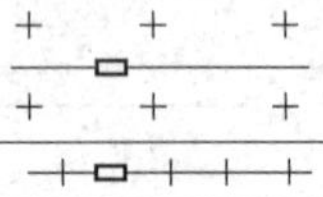	露天单轨起重机
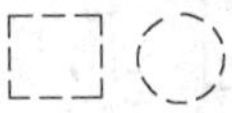	地下建筑物或构筑物	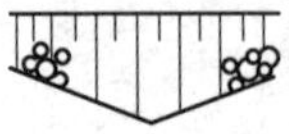	护坡
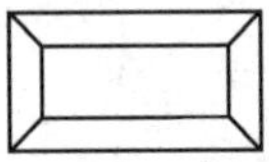	散状材料露天堆放场		洪水淹没线
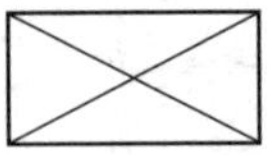	其他材料露天堆放场或作业场		原有的道路
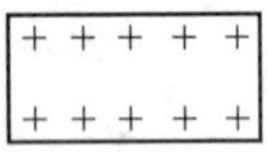	敞棚或敞廊		计划扩建的道路
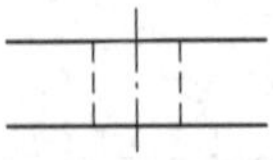	建筑物下的通道	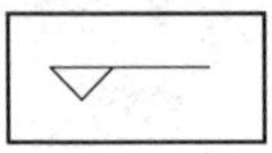	室内标高
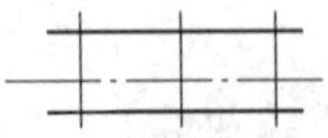	斜边栈桥（皮带廊等）		室外标高
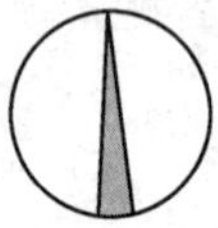	指北针	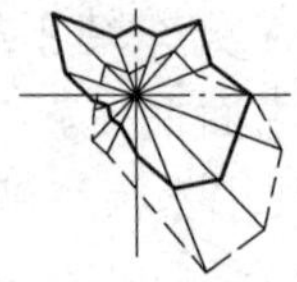	风向频率玫瑰图

6.3　建筑平面图

6.3.1　图示方法及用途

建筑平面图是假想用一水平剖切面在房屋的门窗洞口之间将房屋切开，移去剖切平面以上部分，将余下部分作水平投影而得到的全部视图（简称平面图）。建筑平面图主要表示房屋的平面形状、大小和各部分水平方向的组合关系，如房间布置、墙、柱、楼梯、门、窗的位置等。它是施工图中用得较多的图样。

原则上，一幢房屋有多少层，就应画出多少个平面图，并在图的下方注明图名和比例。如果有若干个楼层完全相同时，则这些相同的楼层可只画出一个平面图，称为标准层平面图，也应在图的下方加以注明。

6.3.2　图示内容及特点

现以图 6-1 所示办公楼的底层平面图（图 6-12）为例，说明平面图的内容及其图示特点。

6.3.2.1　图示内容

底层平面图表明该办公楼底层的房间布置情况，出入口、进厅、楼梯间、走廊等的位置及其相互关系；门、窗的分布以及室外台阶、花池、明沟、散水、雨水管、花格墙、四根柱子的位置等。

6.3.2.2　定位轴线及编号

定位轴线及编号按国家标准规定绘制，本例横向轴线为①~⑨号，竖向轴线为 A~F。

6.3.2.3　图线和比例

平面图中被剖切到的墙、柱等的断面轮廓线用粗实线绘制；没有剖切到的可见轮廓线（如台阶、窗台、花地等）用中实线绘制。其余图线（如尺寸线、剖切符号、可见轮廓线等）均按有关规定绘制（本例中都用细实线绘制）。

平面图常用比例为 1：50、1：100、1：200，本例选用的比例为 1：100。"国标"规定，比例宜注写在图名的右侧，字高应比图名的字高小一号或二号。

6.3.2.4　材料图例

平面图上的断面，一般应画出材料图例，但当比例等于或小于 1：100 时，可画简化的材料图例，如砖墙断面涂红，钢筋混凝土断面涂黑等。

6.3.2.5　门窗

由于建筑平面图所用的比例较小，建筑细部及门、窗等不能详细画出，故需用图例表示，见表 6-3。门、窗除了用图例画出外，还应注写门、窗的代号和编号，如 M106、C306，M、C 分别为门、窗的代号，106、306 分别为所示门、窗的编号。通常还在平面图的同页图纸（或首页图）上附有门窗统计表（表 6-4），表中列出了整幢房屋的门窗编号、洞口尺寸、数量等内容。

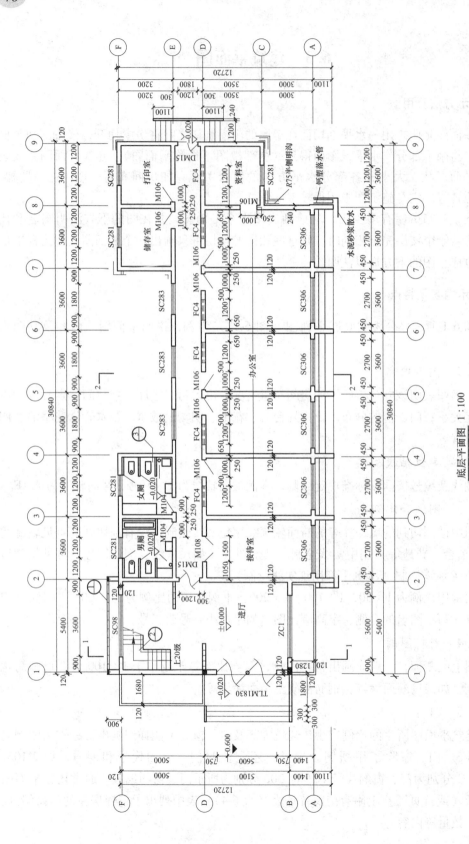

底层平面图 1:100

图 6-12　底层平面图

表 6-3 建筑图例

图例	名称	图例	名称
	底层楼梯		地面检查孔（左） 吊顶检查孔（右）
			孔洞
	中间层楼梯		墙顶留孔
			墙顶留槽
	顶层楼梯		烟道
			通风道
	单扇门（平开或单面弹簧）		单层固定窗
	单扇双面弹簧门		单层外开上悬窗
	单扇内外开双层门		单层中悬窗
	双扇门（平开或单面弹簧）		单层外开平开窗

表 6-4 门窗统计表

编号	洞口尺寸/mm		数量				合计	备注
	宽度	高度	底层	二层	三层	四层		
TLM1830	3600	3000	1				2	铝合金门
DM15	1200	2700	2	2	2		6	沪丁 602
M108	1500	2700	1	1	2	1	5	沪丁 602
M106	1000	2700	8	6	6		20	沪丁 602
M104	900	2700	2	2	2	1	7	沪丁 602
M137	1000	2700				1	1	沪丁 602
ZC1	3600	2700	1				1	组合钢窗
SC306	2700	1800	6	6	6		18	SC1
SC283	1800	1800	3	3	3		9	SC1
SC281	1200	1800	5	5	5	1	16	SC1
SC310	3600	1800		1	1	1	3	SC1
SC98	3600	1200					3	SC1（楼梯间）
FC8	1800	600				2	2	沪丁 702
FC4	1200	600	6	5	5		16	沪丁 702

6.3.2.6 楼梯

平面图中的楼梯应按图 6-13 所示的图例表示，楼梯的踏面数和平台宽应按实际画出。

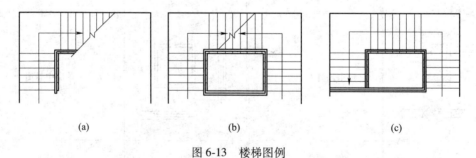

（a）   （b）   （c）

图 6-13 楼梯图例

（a）底层平面；（b）中间层平面；（c）顶层平面

6.3.2.7 尺寸

平面图的外部尺寸分三道标注：

第一道尺寸是外墙上的门窗洞、窗间墙的宽度尺寸以及门窗洞边到定位轴线的尺寸。如图 6-12 中进厅窗宽 3600，窗（ZC1）到轴线①为 900 等。

第二道尺寸是定位轴线之间的尺寸，用来表示房间进深及开间的大小，如办公室开间为 3600mm，进深为 6500mm 等。

第三道尺寸是房屋外墙的总尺寸，即房屋的外包尺寸。

平面图的内部尺寸，是用来补充门窗洞宽度、墙身厚度以及固定设备等的大小和定位尺寸等。

此外，平面图中还应注明室内外的地坪标高，标高数字以 m 为单位，写到小数点后第三位。该办公楼进厅处地坪的标高定为零，写成 ±0.000（相当于图 6-11 总平面图中的绝对标高 4.20）。进厅地坪以上的标高为正数，以下的标高为负数。正负标高都是相对于进厅地坪而言。

6.3.2.8 指北针

在主要平面图旁的明显位置上画出指北针，指北针所指的方向应与总平面图一致，以示房屋的朝向。

6.3.2.9 其他

二、三等层的平面图除表示其本层的内部情况外，还应画出本层室外的雨篷、阳台等。

屋顶的水平投影称为屋顶平面图（图 6-14 是该办公楼的屋顶平面图），它主要表示屋面的排水情况（排水方向、坡度、天沟、出水口、雨水管的布置等）以及水箱、屋面检修孔、烟道的位置等。

屋顶平面图一般图示内容比较简单，通常采用 1:200 或 1:300 的比例绘制。由于该办公楼屋顶的图示内容较多，为表达清晰，故采用 1:100 的比例绘制。

6.3.3 平面图的画法

（1）画平面图宜采用的比例是 1:50、1:100、1:200。

（2）画平面图建议按下列步骤进行（图 6-15）：

1）画定位轴线；

2）画墙身和定门窗位置；

3）画门窗、楼梯、台阶、卫生设备等；

4）画尺寸线、标高符号及其他各种符号标志；

5）加深图线或上墨；

6）注写数字和文字。

（3）平面图的图线：

1）定位轴线及其编号圆圈用细实线；

2）墙身和柱身由于是被剖切面切着的，用粗实线；

3）台阶、雨篷等，由于未被剖切面切着而是看到的，用中实线；

4）门、窗、楼梯、设备等图例符号用细实线；

5）尺寸线、标高符号用细实线。

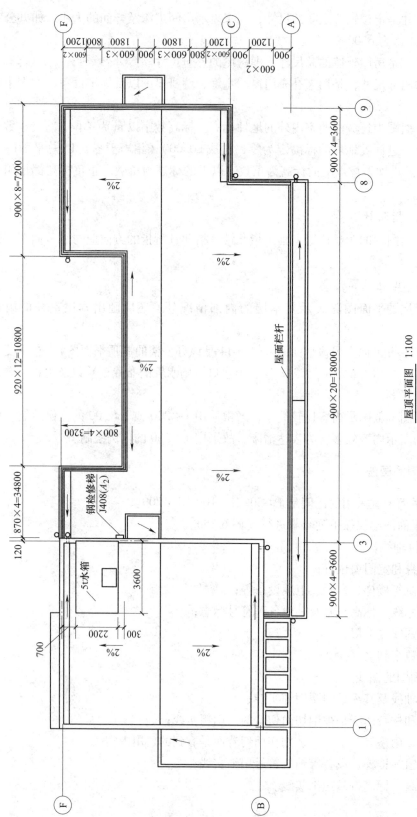

屋顶平面图   1:100

图 6-14   屋顶平面图

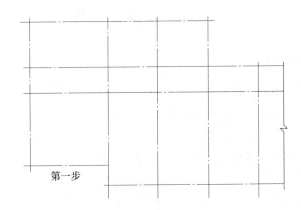

第一步

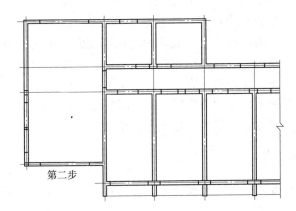

第二步

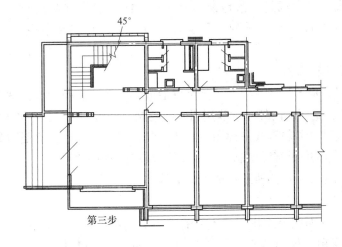

第三步

图 6-15 平面图的绘制步骤

6.4　建筑立面图

6.4.1　图示方法及作用

一座建筑物是否美观，很大程度上取决于它在主要立面上的艺术处理，包括造型与装修是否优美。在设计阶段中，立面图主要是用来研究这种艺术处理的。在施工图中，它主要反映房屋的外貌和立面装修的做法。

建筑立面图是指在与房屋立面平行的投影面上所作房屋的正投影图，简称立面图。其中反映主要出入口或比较显著地反映出房屋外貌特征的那一面的立面图，称为正立面图，其余的立面图相应地称为背立面图和侧立面图。但通常也按房屋的朝向来命名，如南立面图、北立面图、东立面图和西立面图等；有时也按轴线编号来命名，如图 6-16 命名为①~⑨立面图和图 6-17 所示命名为 A~F 立面图等。

房屋立面如果有一部分不平行于投影面，例如成圆弧形、折线形、曲线形等，可将该部分展开到与投影面平行，再用正投影法画出其立面图，但应在图名后注写"展开"两字。对于平面为回字形的房屋，它在院落中的局部立面，可在相关的剖面图上附带表示。如不能表示时，则应单独绘出。若房屋左右对称时，正立面图和背立面图也可各画一半，单独布置或合并成一图。合并时，应在图的中间画一垂直的对称符号作为分界线。

建筑立面图主要表示房屋的外貌特征和立面装修。它反映外墙立面上门、窗的排列情况，入口、阳台的位置以及细部装修处理等，如图 6-16 和图 6-17 所示。

6.4.2　图示内容及特点

现以①~⑨立面图（图 6-16）和 A~F 立面图（图 6-17）为例进行说明：

6.4.2.1　图示内容

①~⑨立面图表明该办公楼的主体是三层，局部是四层，两端有出入口，底层落地窗和出入口的上部设有转角雨篷，落地窗前有花池。四层屋顶有女儿墙，三层屋顶设有栏杆。它还表示出该立面上窗的排列，两水管的位置等，并用文字说明了该立面的装修要求。

6.4.2.2　图线和比例

立面图虽然是外形的投影，但为了加强立面效果，在立面图中也需选用不同粗细的图线。《建标》规定，立面图的外轮廓线用粗实线绘制，勒脚、门窗洞、檐口、雨篷、墙柱、台阶以及建筑构配件的外轮廓线一律用中实线绘制，门、窗扇以及墙面引条钱等用细实线绘制，地坪线用 1.4b 的粗实线绘制，其余图线应按有关规定绘制。

立面图的比例应与平面图所选用的比例一致。

6.4.2.3　图例

按投影原理，立面图上应将立面上所有看得见的细部都表示出来。但由于立面图的比例较小，如门窗扇、檐口构造、阳台栏杆和墙面复杂的装修等细部，往往只用图例表示。

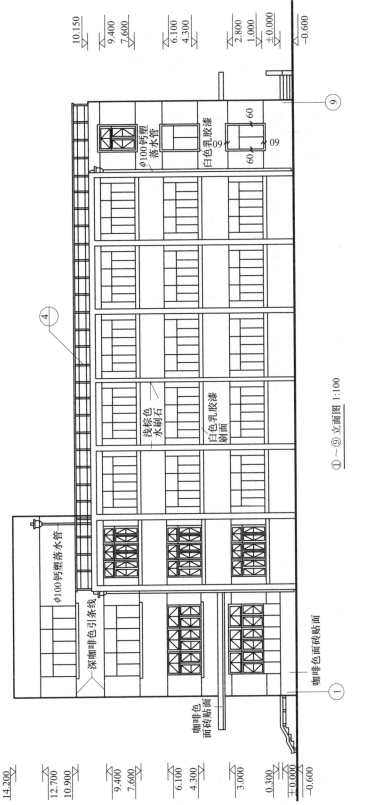

①～⑨立面图 1:100

图 6-16 ①～⑨立面图

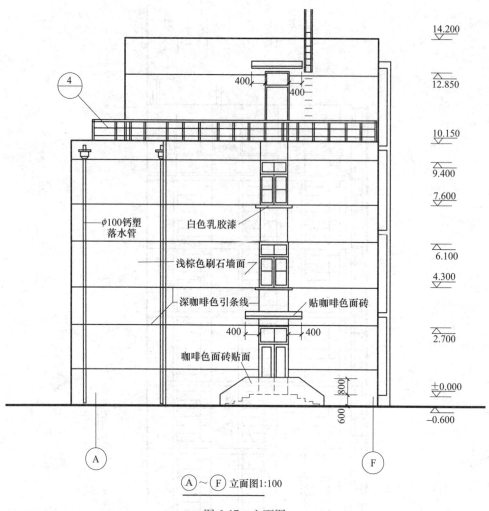

图 6-17　立面图

　　门、窗一般套用标准图集，型号和开启方向等相同的门、窗扇，在立面图中可只画出一排或一两个，其他只画出其轮廓线即可。另有详图和文字说明的细部构造（如檐口、屋面栏杆等），在立面图上也可简化。

6.4.2.4　定位轴线及编号

　　立面图两端必须标注与平面图相一致的定位轴线及编号。

6.4.2.5　尺寸

　　立面图上一般只标注房屋主要部位的相对标高和必要的尺寸。标注标高时，需在被标注部位作一引出线，标高符号的尖端要指在被标注部位的高度上。标高符号的尖端可向下，也可向上。标高符号最好画在同一条铅垂线上。

6.4.3　建筑立面图的画法

　　（1）画立面图常用的比例为 1：50、1：100、1：200。

　　（2）画立面图的步骤（图 6-18）。

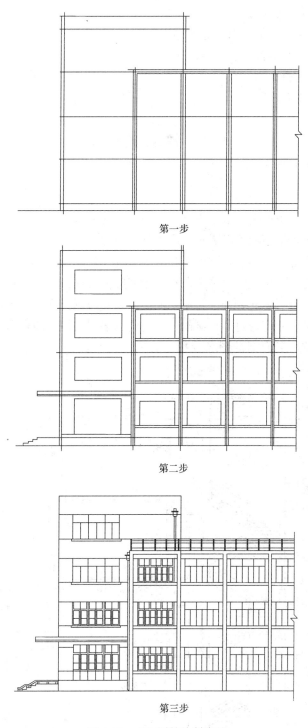

第一步

第二步

第三步

图 6-18 立面图的绘制步骤

1）画控制高度的各线条，如地面线、楼面线、屋檐线、屋顶线、屋脊线等，同时画出外墙的轮廓线；

2）画墙垛及门窗的轮廓；

3）画窗台、门窗、台阶、雨篷等细部；

4）画标高符号及其他符号、标志；

5）加深图线或上墨；

6）注写数字和文字。

6.5　建筑剖面图

6.5.1　图示方法及作用

建筑剖面图是假想用一个或多个垂直于外墙轴线的铅垂剖切面，将房屋剖开，所得的投影图，简称剖面图。剖面图用以表示房屋内部的结构或构造形式、分层情况和各部位的联系、材料及其高度等，是与平、立面图相互配合的不可缺少的重要图样之一。

剖面图的数量是根据房屋的具体情况和施工实际需要而决定的。剖切面一般横向，即平行于侧面，必要时也可纵向，即平行于正面。其位置应选择在能反映出房屋内部构造比较复杂与典型的部位，并应通过门窗洞的位置。若为多层房屋，应选择在楼梯间或层高不同、层数不同的部位。剖面图的图名及投影方向应与平面图上所标注剖切符号的编号一致，如图 6-19 所示①—①剖面。

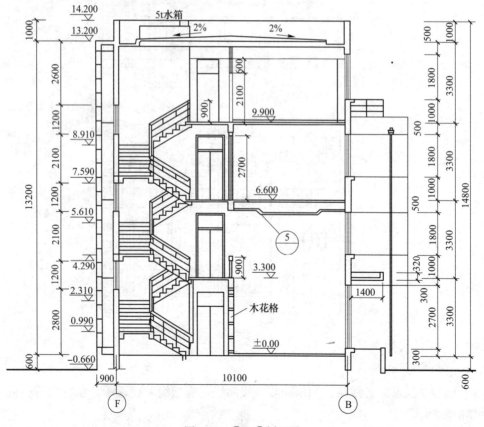

图 6-19　①—①剖面图

6.5.2 图示内容及特点

现以①—①剖面图（图6-19）为例，说明剖面图的内容及其图示特点。

6.5.2.1 图示内容

根据图名（①—①剖面图）及轴线编号，可以在底层平面图（图6-12）中找到该剖面图的剖切位置，从而可知该剖面图是通过进厅和楼梯间剖切后，向右投影得到的剖面图。剖切到的部位有进厅地坪、楼梯、楼面、屋面、花格墙、F轴与B轴外墙、雨篷等。它反映出该办公楼从地面到屋面的内部构造和结构形式。基础部分一般不画，它在"结施"基础图中表示。

在剖面图中除了画出剖到的部分外，还应画出投影的可见部分，如图中三层楼的部分外形、水箱、楼梯扶手、门等。

6.5.2.2 图线和比例

剖面图的线型与平面图一样，即凡剖切到的墙、板、梁构件的断面轮廓线为粗实线，剖切面后的可见轮廓线为中实线，剖切到的室内外地坪线用1.4b的粗实线。

剖面图的比例，一般应采用与平面图相同的比例（如1∶100），有时为表达清晰起见，剖面图可采用比平面图大的比例（如1∶50）。

6.5.2.3 图例

剖面图中门、窗按表6-3中的图例表示。建筑材料图例的画法与平面图相同。

6.5.2.4 定位轴线及编号

在剖面图中应标注与平面图相对应的轴线编号，从底层平面图（图6-12）可知，被①—①剖切平面剖到的外墙轴线为F、B，在①—①剖面图中应标注相应的轴线F、B。

6.5.2.5 尺寸

在剖面图中主要标注内外各部位的高度尺寸及标高。其中楼面、地下层地面、楼梯、阳台、平台、台阶等处应注写完成面的高度尺寸及标高，其他部位注写毛面尺寸及标高。该图沿B轴外墙注有三道尺寸。第一道是窗洞、窗间墙的高度尺寸；第二道是室内外地坪高差、各层层高、檐口处屋面到女儿墙顶的高度尺寸；第三道是从室外地坪到女儿墙顶的总高尺寸。沿F轴外墙注出了室内外地坪、楼梯平台、檐口处屋面、女儿墙顶等的标高，以及F轴外墙的窗洞、窗间墙的高度尺寸等。在图内注出了各层楼面的标高等其他高度尺寸。注意标高应与相应的平、立面图相一致。

6.5.2.6 布图

若剖面图与立面图绘制在同一张图上时，剖面图宜与相邻的立面图绘制在同一水平线上，以便对照看图。

6.5.3 剖面图的画法

（1）画剖面图常采用的比例是1∶50、1∶100、1∶200。

（2）画剖面图的步骤如图6-20所示。

1）画控制高度的各线，如地面、楼面、楼梯休息平台面、檐口、顶棚等；

2）画控制水平距离的各线，如剖切到的各墙的定位轴线，楼梯各段的上下起步线、屋檐等；

　3）画墙和楼地板的厚度、定门窗位置及楼梯踏步；

　4）画门、窗、雨篷、台阶等细部；

　5）画尺寸线、标高及其他符号。

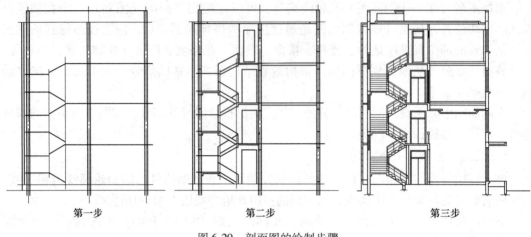

第一步　　　　　　　　　第二步　　　　　　　　　第三步

图 6-20　剖面图的绘制步骤

6.6　建　筑　详　图

　　房屋平、立、剖面图都是用较小的比例绘制，重在表达总体性的概貌，对于房屋的细部、节点及构、配件的形状、尺寸、材料及做法，必须采用较大的比例（如 1∶20、1∶10、1∶5、1∶2、1∶1），按正投影图的画法，详细地表示出来，这种图样称为建筑详图（简称详图）。

　　一套施工图中，详图的数量取决于房屋的体量大小及复杂程度。常见的详图有外墙身详图、楼梯间详图、卫生间详图、门窗详图、阳台详图等。有的详图可直接套用标准图集，仅需在索引符号上注明出处。

　　详图的特点：一是比例大；二是图示详尽清楚（表示构造合理，用料及做法适宜）；三是尺寸齐全。

6.6.1　外墙身详图

　　外墙身详图实际上是建筑剖面图的局部放大图，它详尽地表示出墙身从防潮层到屋顶的各主要节点的构造和做法。主要表示的内容有隔热层、屋面、楼层、地面和檐口、门窗顶、窗台、勒脚、散水等部位的构造，楼板与墙的连接等。

　　现以图 6-21 所示的外墙剖面详图（一）为例，说明外墙身详图的图示内容及特点。

6.6.1.1　图示内容

　　从图 6-21 所示外墙剖面详图的轴线和详图编号（被索引的图纸编号未注）可知，该图实际上是②—②剖面图（本书未画）中 A 轴有关部位的放大图。它表明檐口、屋面、楼地面、窗台、窗顶、勒脚、散水等处的构造情况以及它们与外墙身的相互关系。

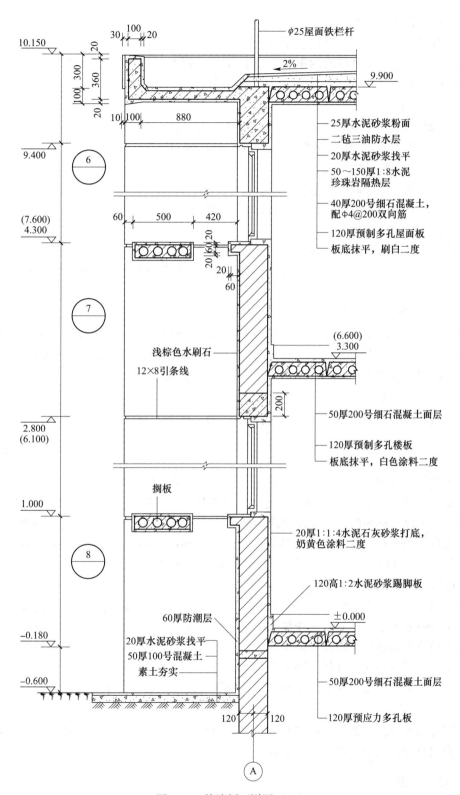

图 6-21　外墙剖面详图（一）

A   檐口节点详图6

檐口做成外排水挑檐，并设有屋面栏杆，屋面排水坡度为2%。

天沟与天沟梁是整体浇筑的钢筋混凝土构件，天沟挑出980mm，搁在横墙墙墩上，天沟梁与墙厚一致，屋面板与天沟梁同高，屋面板搁在横隔墙上。

B   窗台、窗顶节点详图7

在A轴墙外设有与窗台同高的搁板，板宽为500mm，搁置在横墙墙墩上。

窗的过梁为矩形（240mm×200mm）。楼板搁在横隔墙上。

C   散水、勒脚详图8

该房屋外墙采用水刷石粉面，可起到勒脚的防水作用，故未另做勒脚。

墙基上部设置防潮层，以防地下水分上升侵蚀墙体。该房屋的防潮层用60mm厚的钢筋混凝土层做在室内地坪下180mm处。

沿建筑外墙做有散水，以防地面水侵蚀基础。

一层地面采用120mm厚的空心楼板架空搁置在横隔墙上，并做有50mm厚的混凝土面层。

6.6.1.2   图线和比例

建筑详图中被剖切的主要部分（如墙身、楼板、梁等），用粗实线绘制；一般轮廓线（如面层线、未剖切到的可见轮廓线等）用中粗线绘制；其余图线应按有关规定绘制。

外墙详图常用的比例有1∶10、1∶20等，本详图采用1∶20。

6.6.1.3   图例

因详图的比例较大，故剖切到的墙、柱、梁、楼板、屋面等的断面，都应画出材料图例。

6.6.1.4   尺寸

在外墙剖面详图中，各部位的标高、高度尺寸和各细部尺寸都应标注。如图6-21中4.300和（7.600）标注在同一标高符号上，其中括号内的数字表示上一层的标高数。

在详图上标注标高时，应注意建筑标高和结构标高，建筑标高是指完成面的标高，结构标高是指结构构件的毛面标高。其规定与剖面图相同，如底层地面标高±0.000和楼面标高3.300、6.600都是完成面的标高，屋顶标高9.900为毛面标高。

6.6.1.5   多层构造文字说明

在详图中，对屋面、楼面和地面的多层构造往往无法用图样表示，此时可采用多层构造的文字说明来表示，即用引出线加上文字说明来表示。文字说明宜注写在横线上方或端部。文字说明的顺序应与被说明的层次相一致。若层次为上下排列，则文字说明的顺序为由上至下；若层次为左右排列，则由上至下的说明顺序应与由左至右的层次相一致，本例中的屋面、楼面的构造做法由上层至下层分别用文字由上至下顺序说明清楚。

6.6.1.6   其他

标明外墙身的定位轴线，屋顶砌坡及散水的坡度。对详图中仍有未表达清楚之处，还应引出索引符号，以采用更大比例的详图来表示。

6.6.2   楼梯详图

楼梯是多层房屋上下层之间交通的主要设施。楼梯的设计应满足人流通畅、行走安全方便、结构坚固耐久等要求。目前普遍采用的是双跑式或三跑式钢筋混凝土楼梯，它由楼梯段（包括踏步和斜梁）、休息平台（包括平台板和平台梁）和栏杆（栏板）扶手组成。楼梯梯段的结构形式有板式梯段和梁板式梯段，图 6-22 所示的办公楼楼梯为三跑现浇钢筋混凝土板式楼梯。

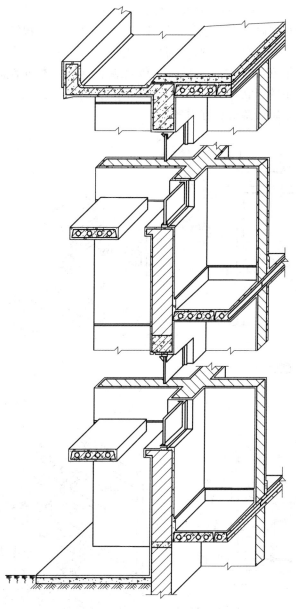

图 6-22　外墙剖面详图（二）

　　由于楼梯构造比较复杂，一般需要画出建筑详图和结构详图，楼梯建筑详图（简称楼梯详图），包括平面图、剖面图以及踏步、扶手等详图。为了便于绘图和读图，楼梯详图尽可能画在同一张图纸上，并且平、剖面图比例最好一致。一些构造比较简单的钢筋混凝土楼梯，建筑详图和结构详图可以合并绘制，编入"建施"或"结施"均可。

下面以办公楼的楼梯为例,介绍楼梯详图的内容及图示特点。

6.6.2.1　楼梯平面图

楼梯平面图和建筑平面图一样,实际上是水平剖面图,如图 6-23 所示。水平剖切位置定在各层略高于窗台的上方。

该办公楼的楼梯为三跑式楼梯,即每一层有三个梯段,剖切平面通过各层的第二梯段。

楼梯平面图一般每层画一个,但若中间各层的楼梯位置、梯段数、踏步数、断面大小等都相同时,可以合并画一个平面图,注明中间层平面图。这样对多层房屋来说,楼梯平面图一般只需画底层平面图、中间层平面图和顶层平面图。楼梯平面图上要标注轴线编号,表明楼梯在房屋中的所在位置,并注上轴线间的尺寸,为画图和读图方便起见,各层平面图中的横向或竖向轴线最好相互对齐。

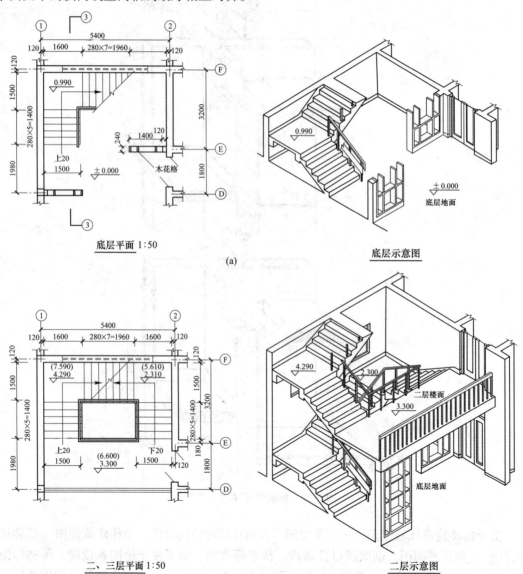

底层平面 1:50
底层示意图
(a)

二、三层平面 1:50
二层示意图
(b)

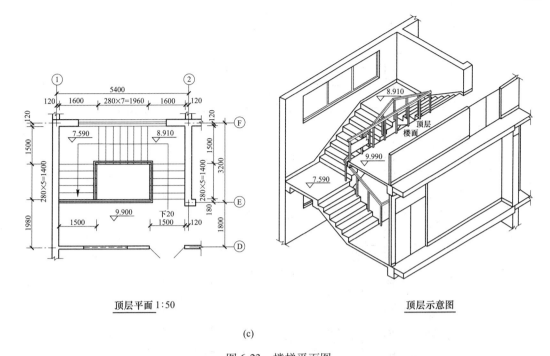

顶层平面 1:50　　　　　　　　　　　　　顶层示意图

(c)

图 6-23　楼梯平面图

(a) 楼梯底层平面图；(b) 楼梯二、三层平面图；(c) 楼梯顶层平面图

A　底层平面图

底层平面图 (图 6-23 (a)) 第二梯段被剖切后，按实际投影剖切交线应是水平线 (见底层轴测示意图)，但为避免剖切交线与踏步线混淆，故在剖切位置处，画一条 45°倾斜折断线表示。

底层平面图上只标上行方向箭头 (无地下室)，在箭头尾部写明"上 20"，指由底层地坪到二层楼面的总踏步数。

底层平面图的尺寸标注，除轴线尺寸外 (楼梯间开间和进深)，还应标注楼梯段宽度尺寸、平台尺寸、梯段的水平投影长度和地面、平台面的标高。梯段的水平投影长度等于踏面宽×踏面数 (踏面数比踏步数少一)，如第一梯段水平投影长度为 $280×(6-1)=1400mm$ (第一梯段为 6 级，由于第 6 级与平台面重合，所以实际踏面数为踏步级数减一)。

B　二、三层平面图

下面以二层平面为例来说明中间层平面图 (图 6-23 (b)) 的特点。

二层平面图既要画出二层到三层被剖切到的上行梯段，又要画出二层到底层的下行梯段，这两部分上行、下行梯段在投影上互相重合，以倾斜的 45°折断线为界，并用长箭头表示上行、下行方向，同时在箭头末端注明上 20、下 20。

C　顶层平面图

顶层平面图 (图 6-23 (c))，由于剖切平面并没有剖切到楼梯段，所以顶层平面图要画出三段完整的楼梯，并只标注下行箭头。梯段扶手到达顶层楼面后，与安全栏杆相接。

6.6.2.2　楼梯剖面图

楼梯剖面图反映楼层、梯段、平台、栏杆等的构造和它们之间的相互关系，以及梯段数、踏步数、楼梯的结构形式等，如图 6-24 所示。

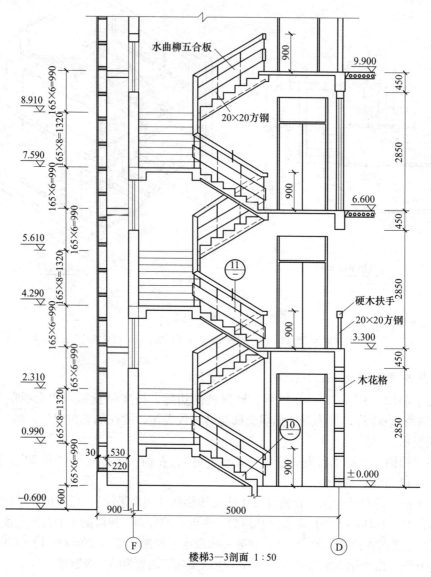

楼梯3—3剖面 1∶50

图 6-24　楼梯剖面图

　　楼梯剖面图通常不画到屋面，可用折断线断开。

　　楼梯剖面图，应标明地面、平台面和各层楼面的标高，以及梯段、栏杆的高度尺寸。梯段高度等于踏步高度×踏步数，如第一梯段的高度为 165×6＝990mm。

　　栏杆扶手的高度 900mm，应是踏面宽的中心到扶手顶的高度。

6.6.2.3　楼梯踏步、栏杆、扶手详图

　　（1）踏步详图表明踏步的截面形状、大小、材料及做法，如图 6-25 所示详图⑩。该楼梯踏面为青水泥水磨石，白水泥水磨石镶边，用铝合金条做防滑条。踏面宽 280mm，踏步高 165mm。

（2）栏杆、扶手详图表明栏杆、扶手的形式、大小、材料及与梯段连接的处理，如图6-25所示详图⑩、⑪。该楼梯采用木制扶手、黑色方钢栏杆、水曲柳五合板做栏板。

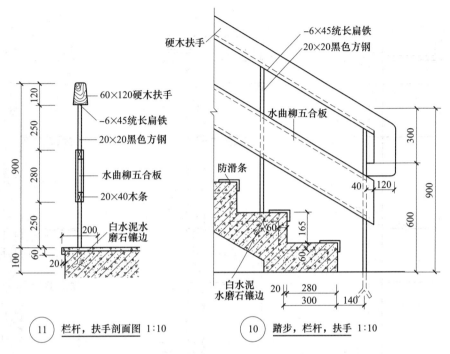

图 6-25　楼梯踏步、栏杆、扶手详图

6.6.3　建筑详图的画法

（1）外墙剖面详图的绘制步骤（图6-26）：

1）画轴线、墙身轮廓线、室内外地坪线、楼面线、屋面线；

2）画屋面、天沟、窗台搁板、楼板、地面、散水等；

3）画材料图例；

4）画尺寸线、标高符号、详图索引符号、引出线等。

（2）楼梯详图的绘制步骤：

1）楼梯平面图的绘制步骤（图6-27）。

现以二层平面图为例进行绘制：

① 画轴线、墙身线、再根据平台宽度1500mm、长度1600mm定出平台线，自平台线量梯段水平投影长1400mm、1960mm分别得起步线和第二梯段上的平台线，根据梯段宽1500mm定出梯井的位置。

② 用比例尺零点对准起步线，以该点为中心旋转比例尺，按尺上第5个单位对准平台线或平台延长线，最后由各单位点引平行线得到踏步线。

③ 画尺寸、标高、轴线符号、上行及下行箭头方向线等，如图6-23（b）所示。

2）楼梯剖面图的绘制步骤（图6-28）。

① 根据各层楼面和平台面的标高画出楼地面、平台面及一、三两梯段的水平长度。

② 根据梯段的踏步数，竖向每层按踏步数 6、8、6 格分格，水平方向按踏步数减一分格，一、三两梯段水平长度均分成 5 格，然后打成网格，画各梯段的踏步。

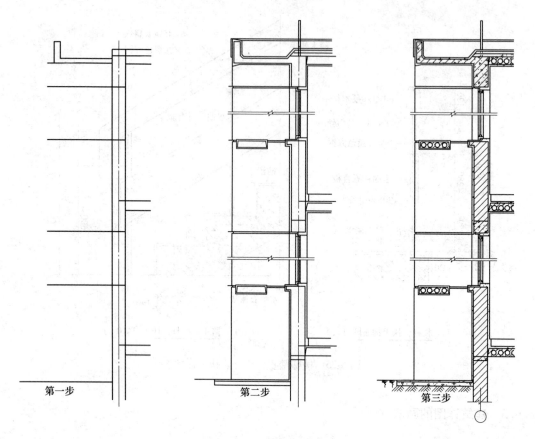

第一步　　　　第二步　　　　第三步

图 6-26　外墙剖面详图绘制步骤

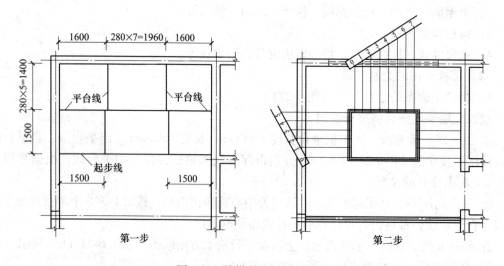

第一步　　　　　　　　　　第二步

图 6-27　楼梯平面图绘制步骤

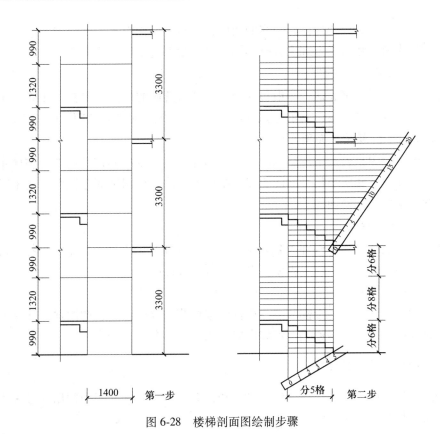

图 6-28　楼梯剖面图绘制步骤

6.7　结构施工图

6.7.1　建筑结构及其分类

一般建筑物都是由许许多多的结构构件和建筑配件组成的几何空间，供人们从事各种活动，同时还能避免外界风雨寒暑的影响。其中在建筑物中起承重和支撑作用的构件，按一定的构造和连接方式组成的建筑结构体系称为"建筑结构"。它的作用是形成建筑功能所要求的基本空间和体型，有足够的坚固性和耐久性，以保证建筑物在各种荷载作用下的安全可靠和正常使用。而组成这个结构体系的各种构件称为"结构构件"，如屋架、梁、板、墙、柱、基础等。建筑结构按建筑材料（指主要承重构件所采用的材料）分为钢筋混凝土结构、砌体结构、钢结构和木结构。

设计一幢房屋，除了进行建筑设计外，还要进行结构设计，即根据建筑物的使用要求和作用于建筑物上的各种荷载，合理选择结构类型和结构方案；进行结构布置；通过力学计算确定各结构构件的断面形状、大小、材料及构造等。并把结构设计的结果绘成图样，称为"结构施工图"，简称"结施"。结构施工图是进行施工放线、基坑开挖、构件制作、结构安装、计算工程量、编制预算和施工进度的依据。

6.7.2　结构施工图的种类

结构施工图是表示建筑结构的整体布置和各承重构件（包括支撑和连系构件）的形

状、大小、材料、构造等结构设计内容的图样，不同的结构形式、不同的承重材料，其结构施工图的具体内容和编排方式也各有不同，但一般都包括以下几部分。

6.7.2.1　结构设计说明

结构设计说明用文字表达，一般包括结构设计所遵照的规范、主要设计依据（如地质条件，风、雪荷载，抗震设防要求等）、统一的技术措施、对材料及施工的要求，等等。

6.7.2.2　结构布置平面图

结构布置平面图是表示房屋结构中各承重构件（包括支撑和连系构件）整体布置的图样。如基础平面图、楼层结构平面图、屋顶结构平面图、柱网平面布置图、连系梁或墙梁立面布置图、楼梯结构平面图等。

6.7.2.3　构件详图

构件详图是表示各承重构件（包括支撑和连系构件）的形状、大小、材料、构造的图样。如基础、梁、板、墙、柱、屋架以及支撑等构件详图。

6.7.2.4　节点详图

节点详图是表示构件的细部节点、构件间连接节点等详细构造的图样。如屋架节点详图，柱与梁、墙与梁或板等连接节点详图以及预埋件详图等。

6.7.3　常用代号、比例及线型

由于结构构件种类繁多，为了便于绘图和读图，在结构施工图中常用代号来表示构件的名称。常用构件的名称、代号见表6-5。

表6-5　常用构件代号

序号	名称	代号	序号	名称	代号	序号	名称	代号
1	板	B	19	圈梁	QL	37	承台	CT
2	屋面板	WB	20	过梁	GL	38	设备基础	SJ
3	空心板	KB	21	连系梁	LL	39	桩	ZH
4	槽形板	CB	22	基础梁	JL	40	挡土墙	DQ
5	折板	ZB	23	楼梯梁	TL	41	地沟	DG
6	密肋板	MB	24	框架梁	KL	42	柱间支撑	ZC
7	楼梯板	TB	25	框支梁	KZL	43	垂直支撑	CC
8	盖板或沟盖板	GB	26	屋面框架梁	WKL	44	水平支撑	SC
9	挡雨板檐口板	YB	27	檩条	LT	45	梯	T
10	起重机安全走道板	DB	28	屋架	WJ	46	雨篷	YP
11	墙板	QB	29	托架	TJ	47	阳台	YT
12	天沟板	TGB	30	天窗架	CJ	48	梁垫	LD
13	梁	L	31	框架	KJ	49	预埋件	M
14	屋面梁	WL	32	钢架	CJ	50	天窗端壁	TD
15	起重机梁	DL	33	支架	ZJ	51	钢筋网	W
16	单轨起重机梁	DDL	34	柱	Z	52	钢筋骨架	G
17	轨道连接	DGL	35	框架柱	KZ	53	基础	J
18	车挡	CD	36	构造柱	GZ	54	暗柱	AZ

构件代号由主代号和副代号组成，主代号采用大写汉语拼音字母来表示构件的名称，副代号采用阿拉伯数字来表示构件的型号或编号。

为使图样表达清晰明了，绘图时可根据图样的用途和被绘物体的复杂程度选用表 6-6 中的常用比例，特殊情况下也可选用可用比例。

为了使图画清晰简明、层次分明，结构施工图中的各种线型按表 6-7 的规定绘制。

表 6-6　结构施工图绘制比例

图　名	常用比例	可用比例
结构平面图	1：50、1：100	1：60
基础平面图	1：150、1：200	1：60
详图	1：10、1：20	1：4、1：5、1：25
圈梁平面图，总图的管沟等	1：200、1：500	1：300

表 6-7　结构施工图的线型

名称	线型	宽度	一　般　用　途
粗实线	———————	b	螺栓、钢筋线、结构布置平面图中单线结构构件线及钢、木支撑线
中实线	———————	$0.5b$	结构平面图中及详图中剖到或可见墙身轮廓线、钢木构件轮廓线
细实线	———————	$0.35b$	钢筋混凝土构件的轮廓线、尺寸线、基础平面图中的基础轮廓线
粗虚线	- - - - - - -	b	不可见的钢筋、螺栓线、结构布置平面图中不可见的钢、木支撑线及单线结构构件线
中虚线	- - - - - - - - -	$0.5b$	结构平面图中不可见的墙身轮廓线及钢、木构件轮廓线
细虚线	- - - - - - - - -	$0.35b$	基础平面图中管沟轮廓线，不可见的钢筋混凝土构件轮廓线
粗点划线	—— · —— · ——	b	垂直支撑、柱间支撑线
细点划线	— · — · — · —	$0.35b$	中心线、对称线、定位轴线
粗双点划线	—— ·· —— ·· ——	b	预应力钢筋线
折断线	—— ⌇ ——	$0.35b$	断开界线
波浪线	∿∿∿	$0.35b$	断开界线

6.7.4　基础图

基础是房屋的地下承重部分，常见的形式有条形基础和独立基础，如图 6-29 所示。

基础的作用是承受房屋的全部荷载，并将重量传递给地基，如图 6-30 所示。地基是基础底下天然的或经过加固的土层，基坑是为基础施工而开挖的土坑，坑底就是基础的底面。基础埋置深度是从室内地面（±0.000）至基础底面的深度，埋入地下的墙称为基础墙，基础墙与垫层之间做成阶梯形的砌体，称为大放脚。防潮层是基础墙上防止地下水对墙体侵蚀的一层防潮材料，一般做在距室内地面以下 60mm 处，根据基础所用的材料不同，基础分为砖基础、混凝土基础和钢筋混凝土基础等。

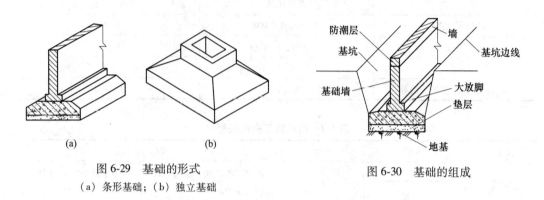

图 6-29　基础的形式
（a）条形基础；（b）独立基础

图 6-30　基础的组成

基础图包括基础平面图和基础断面图。基础图是房屋施工放线、开挖基坑和砌筑基础的依据。

6.7.4.1　基础平面图

基础平面图（图 6-31）是假想用一个水平面沿房屋的室内地面与基础之间进行剖切，移去上面部分后画的水平投影图，它是表明基础平面布置的图样。

基础平面图的常用比例为 1∶100 或 1∶200。规定用粗实线表示剖到墙和柱的轮廓，用细实线表示基础的轮廓，一般不画出大放脚的水平投影。

由图 6-31 可知该楼房的基础全为条形基础，在大门和楼梯间等处分别用粗虚线表示了基础梁（JL-1、JL-2、统 JL）的位置，柱 Z-1 和 Z-2 直接连在基础梁上。

基础平面图上须用剖切线标出断面图的位置，凡是基础断面有变化的地方都应画出基础断面详图。图 6-1 所示办公楼的基础埋置深度相同，基础断面的形状、主筋（主要钢筋）的配置都随基础宽度（图中已注明）不同而改变，因此该基础平面图上不必标注断面图的位置。

在②~④轴线之间的 F 轴线的基础墙上有 5 个 360mm×400mm 预留排水管洞，洞底标高为-1.02，在基础平面图中用细虚线表示其位置。

基础平面图的轴线编号应与房屋建筑平面图相一致。

6.7.4.2　基础断面详图

对每一种不同的基础，都应画出它的断面详图，断面详图的编号应与基础平面图上标注的剖切线编号相一致。基础断面详图的常用比例为 1∶20。

图 6-32 所示为办公楼的钢筋混凝土条形基础断面详图。由于断面形状、主筋配置都随基础宽度的不同而改变，因此，基础断面详图可画成通用图，再配以主筋选用表即可表示断面情况。

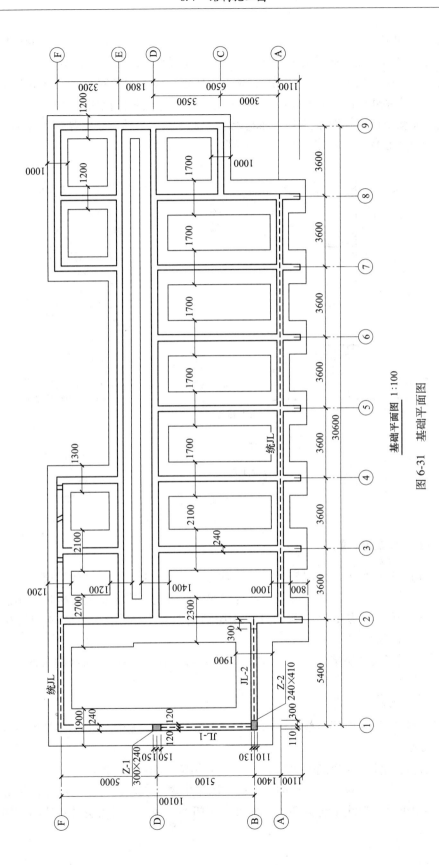

基础平面图 1:100

图 6-31 基础平面图

从图 6-32 可知，基础梁（JL、JL-1、JL-2）的高度与条形基础一致。图 6-32 中①号钢筋是基础的受力筋（见基础受力筋选用表）；②号钢筋 4ϕ25 是基础梁 JL-2 的受力筋（L、JL-1 的受力筋图中未表示）；③号钢筋 ϕ6@300 是分布筋；④号钢筋 ϕ8@200 是基础梁的箍筋；⑤号钢筋 4ϕ12 是基础梁的架立筋；⑥号和⑦号钢筋是防潮层的分布筋和受力筋。

基础断面图中还应标明各部分（如基础墙、大方脚、基础、垫层等）的详细尺寸及基础底面、室内外标高等。具体如图 6-32 所示。

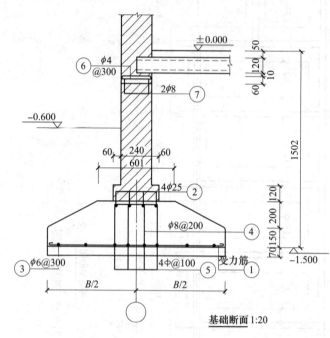

基础受力筋选用表

基础宽度(B)	受力筋	备注
1000	Φ8@200	
1200	Φ8@200	
1300	Φ8@200	
1400	Φ8@200	
1700	Φ8@120	
1900	Φ10@200	
2100	Φ10@160	
2300	Φ12@190	
2600	Φ14@160	
2700	Φ14@140	

说明：1.采用200号混凝土；
　　　 2.基础垫层100号系混凝土70厚。

图 6-32　基础断面图

6.7.5　楼层结构布置平面图

楼层结构布置平面图，是假想沿楼板表面将房屋水平剖开后所画的楼层水平投影。它是用来表示每层的梁、板、柱、墙等承重构件的平面布置，或表示现浇楼板的构造与配筋的图样。一般房屋有几层，就应画出几个楼层结构布置平面图。对于结构布置相同的楼层，可画一个通用的结构布置平面图。

现以办公楼二楼楼层结构布置平面图（图 6-33）为例，说明楼层结构布置平面图的内容及其图示特点。

6.7.5.1　比例和图线

画楼层结构布置平面图的常用比例为 1∶50 和 1∶100，较简单的楼层结构布置平面图可采用 1∶200 画出。

图上的定位轴线应与建筑平面图一致，并标注编号及轴线间距尺寸。

楼层结构布置图中被楼板挡住的墙、柱轮廓用中虚线表示，可见的墙、柱轮廓用中实线表示。图中可见的单线结构构件线（如梁）用粗实线表示，不可见的单线结构构件线用粗虚线表示。

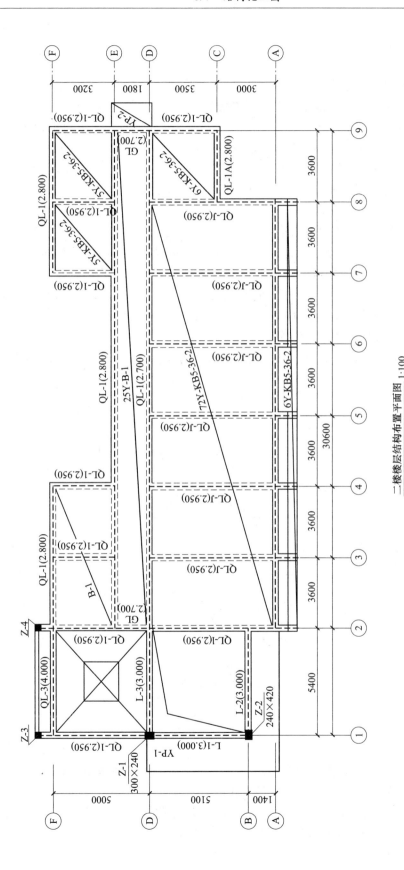

二楼楼层结构布置平面图 1:100

二楼楼层结构布置平面图

图6-33 二楼楼层结构布置平面图

6.7.5.2 代号和编号

楼层上的各种梁、板构件都用代号和编号标记，查看图上的代号、编号和定位轴线，就可以了解各种构件的数量和位置。从图 6-33 可以看出该办公楼是用砖墙承重，属于混合结构。楼面结构分为两部分，走廊北面，轴线②~④的卫生间是现浇板结构（B-1），其余部分是铺设预应力钢筋混凝土空心板。在二层楼面下设有圈梁（QL），圈梁代号旁边括号中填有圈梁底面的标高。大门处及厅内设有编号为 L-1、L-2 和 L-3 的三根现浇梁，以及支撑梁的柱子 Z-1 和 Z-2。设在花格墙上的柱为 Z-3 和 Z-4。楼梯间画了两相交对角线，表示其结构布置另有详图。大厅内画了细实线折线，表明此处是空洞。大门及东面侧门上的雨篷，分别编号为 YP-1 和 YP-2。

从轴线②~⑨朝南的 6 个开间及东头北面的 2 个开间，全部铺设预应力钢筋混凝土空心板，其标注方法如图 6-33 所示，即用细实线画一对角线，在线上注明板的类别和数量等。预制空心板的编号方法各地不同，未有统一规定，本图采用的是上海市的编法。如 72Y-KB5-36-2，表示有 72 块预应力钢筋混凝土空心板，其中"5"是指板的宽度为 500mm，"36"表示板的跨度为 3600mm，"2"是按荷载配筋而编的号。在南立面的窗洞隔墙上，为了遮阳铺设了六块预应力钢筋混凝土空心板。

编号②~④和Ⓔ~Ⓕ之间的卫生间，为现浇钢筋混凝土楼面（B-1），其配筋情况另画详图（也可画在此图上）表示，如图 6-34 所示。

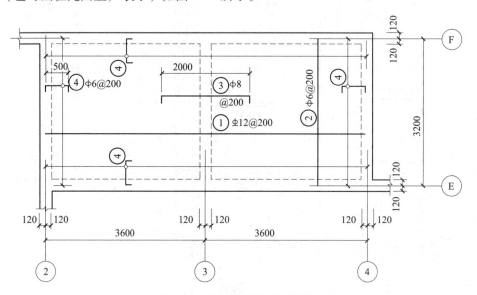

图 6-34 现浇二层楼面配筋图

6.7.5.3 现浇楼板

图 6-34 中除画出楼层墙的平面布置外，主要画出板的钢筋详图，表明受力钢筋的规格、配置和数量。规定同类钢筋只画一根，按其立面形状画在钢筋安放的位置上，钢筋的画法应符合规定。如图中③号和④号钢筋的直角钩都是向下或向右，说明钢筋设在顶层，其中④号钢筋采用了相同钢筋的表示法，即在钢筋线上用细实线画一小圆，并画一横穿的细线，在细线端部画倾斜短划表示该号钢筋的起止范围。①号和③号钢筋在轴线Ⓔ、Ⓕ范

围内，每隔 200mm 放置一根，注意应交错放置。②号钢筋在轴线②~④范围内，每隔 250mm 放置一根。

图中应注明钢筋编号、规格、直径和间距，还须标注定位尺寸，对于弯起钢筋应注明轴线至弯起点的距离。

复 习 题

6-1 简述一套完整的施工图根据其专业内容或作用的不同一般可由几部分组成。

6-2 建筑施工图一般包括哪些图样？

6-3 简述建筑施工图中常用的符号有哪些。

6-4 何谓建筑施工图中的定位轴线，它的线型和编号方法的要求是什么？

6-5 何谓建筑施工总平面图，它的图示内容及特点是什么？

6-6 何谓建筑平面图，它的图示内容及特点是什么？

6-7 建筑平面图的外部尺寸标注有何特点？

6-8 何谓建筑立面图，它的图示内容及特点是什么？

6-9 何谓建筑剖面图，它的图示内容及特点是什么？

6-10 建筑剖面图的外部尺寸标注有何特点？

6-11 何谓建筑详图，它有何特点？

6-12 建筑详图中多层构造文字说明有何意义？

6-13 何谓楼梯详图、平面图和剖面图？

6-14 简述结构施工图的种类。

6-15 何谓建筑施工的基础图，常见的形式有哪些？

6-16 何谓基础平面图和基础断面详图？

6-17 何谓楼层结构布置平面图，它有何特点？

7 管道工程图

7.1 管道投影图

管道也称为管路，是输送介质的通道，主要由管子、管件和附件等组成。管子的形状有圆形（圆筒形）和矩形两种，其中圆形管子使用普遍。管件的种类较多，主要有弯头、三通、四通等，其中弯头用于管道拐弯处，三通、四通用于管道分支处。附件是指附属于管道的部分，如阀门、漏斗等。

7.1.1 管道的单、双线图

管道工程图，按管道的图形来分，分为两种：一种是用一根线条画成的管子（件）的图样，称为单线图；另一种是用两根线条画成的管子（件）的图样，称为双线图。

投影面管道工程常采用的投影面有 4 个，即水平投影面、正立投影面、左侧立投影面和右侧立投影面。在画图时，单线图管子在立、侧面图上画成 1 条粗实线，其管口在平面图上画成 1 个粗实线小圆（图 7-1）；双线图管子在立、侧面图上画成有中心线的 2 条中实线，其管口在平面图上画成有十字中心线的中实线小圆（图 7-2）。在同一张图纸上，一般将主要的管道画成双线图，而次要的管道则画成单线图。

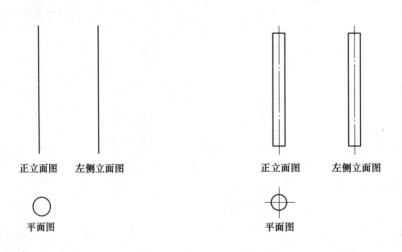

图 7-1　单线图管子的平、立、侧面图　　　　图 7-2　双线图管子的平、立、侧面图

单、双线图 90°弯头和正三通、四通的平、立、侧面图其图形与摆放位置有关（图 7-3～图 7-5），单、双线图截止阀的平、立、侧面图其手轮的图形与截止阀的摆放位置有关，如图 7-6 和图 7-7 所示。

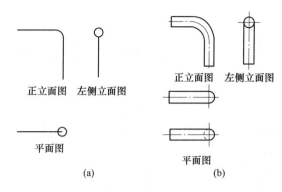

图 7-3 单、双线图的 90°弯头图

（a）单线图 90°弯头的平、立、侧面图；（b）双线图 90°弯头的平、立、侧面图

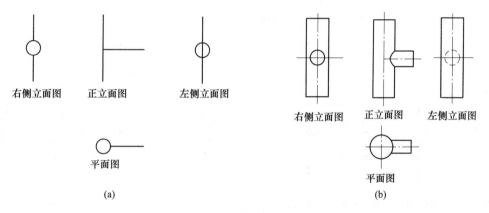

图 7-4 单、双线图的正三通图

（a）单线图等（异）径正三通的平、立、侧面图；（b）双线图异径正三通的平、立、侧面图

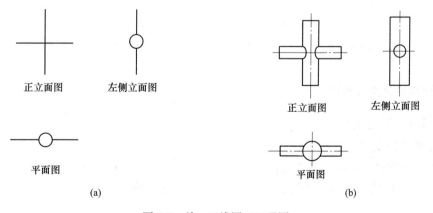

图 7-5 单、双线图正四通图

（a）单线图等（异）径正四通的平、立、侧面图；（b）双线图异径正四通的平、立、侧面图

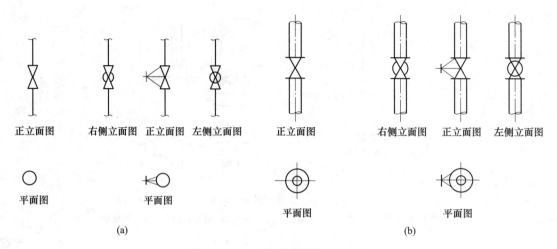

图 7-6　单、双线图内螺纹截止阀图
（a）单线图内螺纹截止阀的平、立、侧面图；（b）双线图内螺纹截止阀的平、立、侧面图

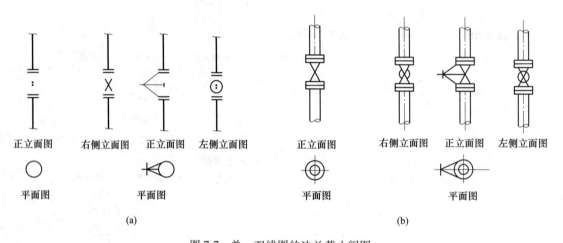

图 7-7　单、双线图的法兰截止阀图
（a）单线图法兰截止阀的平、立、侧面图；（b）双线图法兰截止阀的平、立、侧面图

7.1.2　管道的交叉与重叠

7.1.2.1　管道的交叉

两根单线管交叉，在被遮挡处，断开被遮挡管。两根双线管交叉时，不断开，只在被遮挡处将被遮挡的部分画虚线。单线管遮挡双线管时，单双线管均不断开。双线管遮挡单线管时，单双线管均不断开，只将单线管在被遮挡处画虚线，如图7-8～图7-10所示）。

7.1.2.2　管道的重叠

管子在平、立面图上重叠时，重叠前与重叠后的管长不变，如图7-11所示。

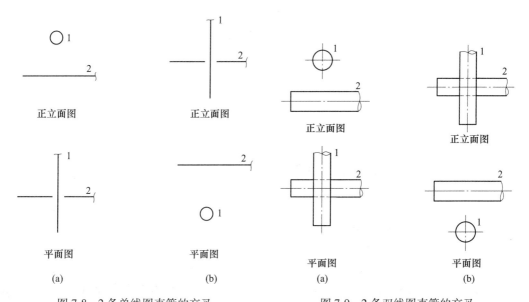

图 7-8 2条单线图直管的交叉
（a）在平面图上的交叉；（b）在正立面图上的交叉

图 7-9 2条双线图直管的交叉
（a）在平面图上的交叉；（b）在正立面图上的交叉

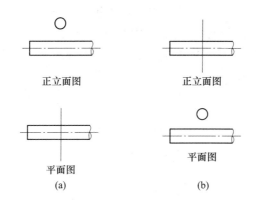

图 7-10 1条单线图直管与1条双线图直管的交叉
（a）在平面图上的交叉；（b）在正立面图上的交叉

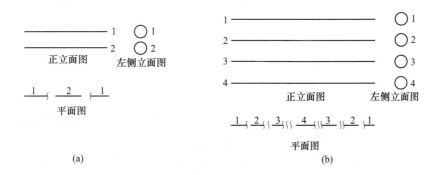

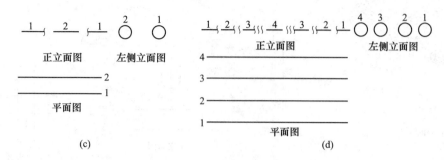

图 7-11　直管的重叠

（a）2 条直管在平面图上的重叠；（b）4 条直管在平面图上的重叠
（c）2 条直管在正立面图上的重叠；（d）4 条直管在正立面图上的重叠

7.1.3　管道的平、立、侧面图

7.1.3.1　单、双线图管道平面图

单线图管道平面图如图 7-12（a）所示，双线图管道平面图如图 7-13（a）所示。该图为软化水箱配管平面图。从图上可以看出，进出软化水箱的管道共有 4 条：

第一条是软水进水管 $DN50$：自断口起，向右至软化水箱顶部的横向中心线，然后转 90°弯向前至软化水箱中心向下的 90°弯头止。

第二条是软水出水管 $DN50$：自软化水箱外壁起，向前至向下弯的 90°弯头，然后垂直向下（看不见）至水平向前弯的 90°弯头，继续向前至断口止。

第三条是溢流管 $DN50$：自软化水箱外壁起，向左至向下弯的 90°弯头止。

第四条是排污管 $DN40$：自软化水箱外壁起，向左至 $DN40$ 内螺纹截止阀并继续向左至向下弯的 90°弯头止。

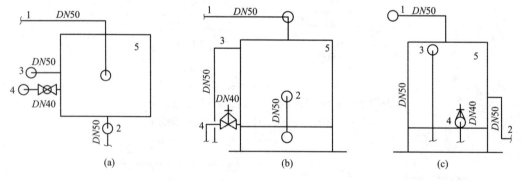

图 7-12　单线图管道平、立、侧面图

（a）单线图管道平面图；（b）单线图管道正立面图；（c）单线图管道左侧立面图

7.1.3.2　单、双线图管道正立面图

单线图管道正立面图如图 7-12（b）所示，双线图管道正立面图如图 7-13（b）所示。该图为软化水箱配管的正立面图。从图上同样能看到进出软化水箱的 4 条管道：

第一条是软水进水管 $DN50$：自断口起水平向右至软化水箱的垂直中心线，在此转 90°

弯水平向前（看不见）至向下弯的90°弯头，然后垂直向下至软化水箱顶止。

第二条是软水出水管 DN50：自软化水箱外壁起，水平向前（看不见）至向下弯的90°弯头，然后垂直向下至水平向前弯的90°弯头止。

第三条是溢流管 DN50：自软化水箱外壁起，水平向左至向下弯的90°弯头，然后垂直向下至断口止。

第四条是排污管 DN40：自软化水箱底部的外壁起，水平向左至 DN40 内螺纹截止阀并继续水平向左至向下弯的90°弯头，然后垂直向下至断口止。

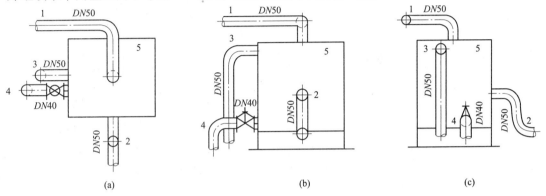

图 7-13 双线图管道平、立、侧面图
（a）双线图管道平面图；（b）双线图管道正立面图；（c）双线图管道左侧立面图

7.1.3.3 单、双线图管道左侧立面图

单线图管道左侧立面图如图 7-12（c）所示，双线图管道左侧立面图如图 7-13（c）所示。该图为软化水箱配管的左侧立面图。从图上也能看到进出软化水箱的4条管道：

第一条是软水进水管 DN50：自断口起，90°弯头水平向右至软化水箱的垂直中心线，然后转90°弯垂直向下至软化水箱顶止。

第二条是软水出水管 DN50：自软化水箱外壁起，水平向右至向下弯的90°弯头，然后垂直向下至水平向右弯的90°弯头，再水平向右至断口止。

第三条是溢流管 DN50：自软化水箱外壁起，水平向前（看不见）至向下弯的90°弯头，然后垂直向下至断口止。

第四条是排污管 DN40：自软化水箱底部的外壁起，水平向前至 DN40 内螺纹截止阀并继续水平向前（看不见）至向下弯的90°弯头，然后垂直向下至断口止。

本节的重点是管道平、立、侧面图的绘制与识读。

7.2 管道轴测图

7.2.1 管道轴测图的分类

7.2.1.1 管道轴测图

按图形来分有正等轴测图和斜等轴测图两种，其中多用斜等轴测图。按单双线图来分有单线图管道正、斜等轴测图和双线图管道正、斜等轴测图，其中多用单、双线图管道斜等轴测图。

7.2.1.2 斜等轴测图的轴测轴与轴间角

斜等轴测图的轴测轴有 3 根，即 O_1Z_1，O_1X_1 和 O_1Y_1：其中 O_1Z_1 画成铅垂线，O_1X_1 为水平线，O_1Y_1 与水平线的夹角为 45°，O_1Y_1 的方向可向左也可向右。轴间角有 3 个，分别是 $X_1O_1Y_1 = 45°$（或 135°），$Y_1O_1Z_1 = 135°$，$Z_1O_1X_1 = 90°$。3 根轴的轴向伸缩系数（也称变形系数）都相等，且均取 1，如图 7-14（a）、（b）所示。

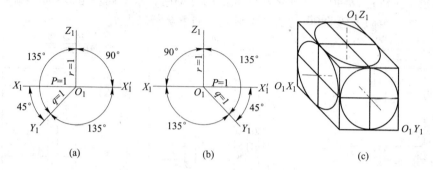

图 7-14 斜等轴测图的轴测轴、轴间角与双线图管口在该图的形状
(a) O_1Y_1 向左斜；(b) O_1Y_1 向右斜；(c) 双线图管口的形状

在双线图管道斜等轴测图中，当管道中心线位于 O_1Y_1 轴及其延长线或平行线上时，管道断口的形状是正圆；当管道中心线位于 O_1X_1 轴及其延长线或平行线上时，管道断口的形状是椭圆；当管道中心线位于 O_1Z_1 轴及其延长线或平行线上时，管道断口的形状也是椭圆，如图 7-14（c）所示。

7.2.1.3 单、双线图直管的斜等轴测图

管道在斜等轴测图中的方位选定，由于空间的管道错综复杂，其走向也不一致，有前后走向，有左右走向，也有上下走向。画管道斜等轴测图时，管道方位的选定方法如下：

水平管道当左右走向时，可选在 O_1X_1 轴上或其延长线上（两条及以上管道时，为该轴的平行线上）。水平管道当前后走向时，可选在 O_1Y_1 轴上或其延长线上（两条及以上管道时，为该轴的平行线上），一般左斜 45°，立管（上下走向）时，选在 O_1Z_1 轴上或其延长线上（两条以上管道时，为该轴的平行线上）。

1 条和两条单、双线图直管的斜等轴测图分别如图 7-15 和图 7-16 所示。

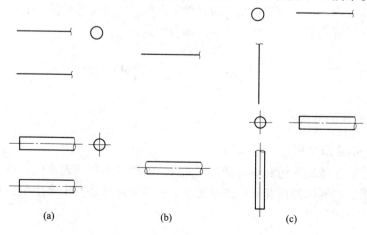

(a)　　　　　　　　(b)　　　　　　　　(c)

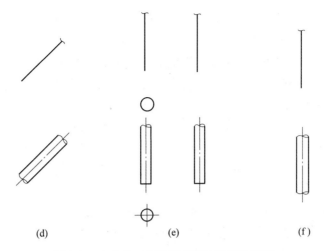

(d)   (e)   (f)

图 7-15 1 条单、双线图直管的斜等轴测图

（a）1 条左右走向单、双线图水平直管的平、立、侧面图；（b）1 条左右走向单、双线图水平直管的斜等轴测图；
（c）1 条前后走向单、双线图水平直管的平、立、侧面图；（d）1 条前后走向单、双线图水平直管的斜等轴测图；
（e）1 条单、双线图立管的平、立、侧面图；（f）1 条单、双线图立管的斜等轴测图

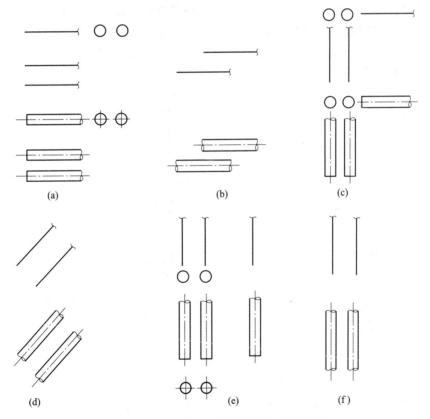

图 7-16 两条单、双线图直管的斜等轴测图

（a）两条左右走向单、双线图水平直管的平、立、侧面图；（b）两条左右走向单、双线图水平直管的斜等轴测图；
（c）两条前后走向单、双线图水平直管的平、立、侧面图；（d）两条前后走向单、双线图水平直管的斜等轴测图；
（e）两条单、双线图立管的平、立、侧面图；（f）两条单、双线图立管的斜等轴测图

7.2.1.4　单、双线图交叉管的斜等轴测图

图 7-17（a）所示分别是两条单、双线图管子的平、立面图。从图 7-17（a）上可以看出，这是两条走向不同标高不等而互相交叉的水平管。其中，1 管左右走向是高管，2 管前后走向是低管，两管在平面图上的交叉角为 90°；由此可以选定这两条交叉管在单、双线图斜等轴测图上的方位是：左右走向的 1 管在 O_1X_1 轴及其延长线上；前后走向的 2 管在 O_1Y_1 轴及其延长线上。单、双线图交叉管的斜等轴测图分别如图 7-17（b）所示。

画图时，单线图交叉管的斜等轴测图在两管交叉处，高管（1 管）应表示完整，低管（2 管）须断开。双线图交叉管的斜等轴测图在两管交叉处，高管（1 管）应表示完整，低管（2 管）须画虚线。

2 管在平、立面图上的实长，可直接量在相应的轴及其延长线上。其编号和在交叉处的上下距离，应与平、立面图上的编号和在立面图上交叉处的上下距离一致。

图 7-17（c）所示是另两条单、双线图管子的平、立面图。从图上可以看出，这是两条走向不同且互相交叉的管子，其中，a 管为立管属于前管，b 管为左右走向的水平管属于后管，两管在立面图上的交叉角为 90°。由此可以选定这两条交叉管在单、双线图斜等轴测图上的方位是：立管（a 管）在 O_1Z_1 轴及其延长线上；左右走向的水平管（b 管）在 O_1X_1 轴及其延长线上。单、双线图交叉管的斜等轴测图分别如图 7-17（d）所示。

画图时，单线图交叉管的斜等轴测图在两管交叉处，前管（a 管）应表示完整，后管（b 管）须断开。双线图交叉管的斜等轴测图在两管交叉处，前管（a 管）应表示完整，后管（b 管）须画虚线。

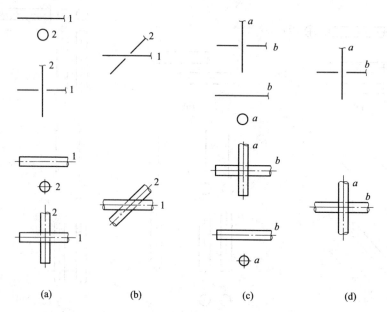

图 7-17　单、双线图交叉管的斜等轴测图

（a）单、双线图两管前后与左右走向交叉的平、立面图；（b）单、双线图两管前后与左右走向交叉的斜等轴测图；（c）1 根立管与 1 条左右走向水平管交叉的单、双线图平、立面图；（d）1 根立管与 1 条左右走向水平管交叉的单、双线图斜等轴测图

两管在平、立面图上的实长，可直接量在相应的轴及其延长线上。其编号和在交叉处的前后距离，应与平、立面图上的编号和在平面图上交叉处的前后距离一致。

7.2.2 管道斜等轴测图

7.2.2.1 单、双线图管道平面图

单、双线图管道平面图如图 7-18 所示。图 7-18 为某草坪喷灌供水平面图。从图上可以看到三条主要管道：

第一条是供水主管 $DN40$：从断口起，至三通 a 止。其上装有 $DN40$ 的内螺纹闸阀一个（设在阀门井内）。

第二条是左路供水干管 $DN32$：从三通 a 起，至弯头 3 止。其上装有立管 3 根（$L_1 \sim L_3$）、水平短管 1 条（SP_1）及 $DN15$ 的内螺纹闸阀 3 个。

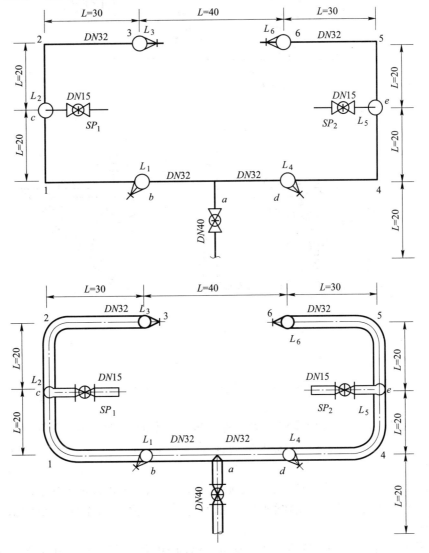

图 7-18　单、双线图管道平面图

第三条是右路供水干管 $DN32$：从三通 a 起，至弯头6止。其上装有立管3根（$L_4 \sim$
L_6）、水平短管一条（SP_2）及 $DN15$ 的内螺纹闸阀3个。

7.2.2.2　单、双线图管道斜等轴测图

单、双线图管道斜等轴测图分别如图 7-19 所示。该图为某草坪喷灌供水斜等轴测。
从图上可以看到11条管道：

第一条是供水主管 $DN40$：从断口起，水平向前至内螺纹闸阀，并继续水平向前至三
通 a（标高-0.40）止。

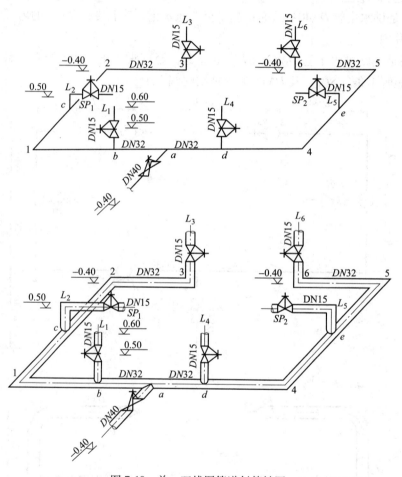

图 7-19　单、双线图管道斜等轴图

第二条是左路供水干管 $DN32$：从三通 a 起，水平向左至三通 b 并继续向左至弯头
1，然后水平向前至三通 c，继续水平向前至弯头2，而后水平向右至弯头3（标高
-0.40）止。

第三条是右路供水干管 $DN32$：从三通 a 起，水平向右至三通 d 并继续右至弯头
4；然后水平向前至三通 e，继续水平向前至弯头5，而后水平向左至弯头6（标高
-0.40）止。

第四条是立管1（L_1）$DN15$：从三通 b（标高-0.40）起，垂直向上至内螺纹闸阀
（标高0.50）并继续垂直向上至断口（标高0.60）止。

第五条是立管 2（L_2）DN15：从三通 c（标高-0.40）起，垂直向上至向右弯的 90°弯头（标高 0.50）止。

第六条是立管 3（L_3）DN15：从弯头 3（标高-0.40）起，垂直向上至内螺纹闸阀（标高 0.50）并继续垂直向上至断口（标高 0.60）止。

第七条是立管 4（L_4）DN15：从三通 d（标高-0.40）起，垂直向上至内螺纹闸阀（标高 0.50）并继续垂直向上至断口（标高 0.60）止。

第八条是立管 5（L_5）DN15：从三通 e（标高-0.40）起，垂直向上至向左弯的 90°弯头（标高 0.50）止。

第九条是立管 6（L_6）DN15：从弯头 6（标高-0.40）起，垂直向上至内螺纹闸阀（标高 0.50）并继续垂直向上至断口（标高 0.60）止。

第十条是水平短管 1（SP_1）DN15：从立管 2（L_2）向右弯的 90°弯头（标高 0.50）起，水平向右至内螺纹闸阀并继续向右至断口止。

第十一条是水平短管 2（SP_2）DN15：从立管 5（L_5）向左弯的 90°弯头（标高 0.50）起，水平向左至内螺纹闸阀并继续向左至断口止。

本节的主要内容是单、双线图管道斜等轴测图的绘制与识读和管线的方位选定，在绘制管子、管件和管道斜等轴测图时，关键是管线的方位的选定；通常左右走向的管线选在 O_1X_1 轴上，前后走向的管线选在 O_1Y_1 轴上，立管选在 O_1Z_1 轴上。

7.3 管道剖视图与节点图

剖视图按其被剖的范围来分类，通常分为全剖视图、半剖视图和局部剖视图 3 种。作图规则如前所述。管道平面剖面图画法如下：

（1）管道和设备布置平面图、剖面图应以直接正投影法绘制。

（2）用于暖通空调系统设计的建筑平面图、剖面图，应用细实线绘出建筑轮廓线和暖通空调系统。有关的门、窗、梁、柱、平台等建筑构配件，标明相应定位轴线编号、房间名称、平面标高。

（3）管道和设备布置平面图应按假想除去上层板后俯视规则绘制，否则应在相应垂直剖面图中表示平剖面的剖切符号，如图 7-20 所示。

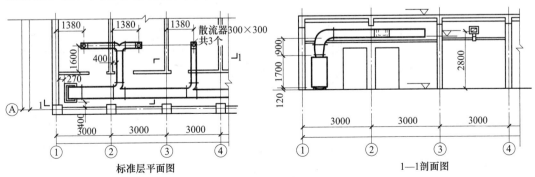

图 7-20 平面剖面图画法

（4）剖视的剖切符号应由剖切位置线、投射方向线及编号组成，剖切位置线和投射方向线均应以粗实线绘制。剖切位置线的长度宜为 6~10mm；投射方向线长度应短于剖切位置线，宜为 4~6mm；剖切位置线和投射方向线不应与其他图线相接触；编号宜用阿拉伯数字，标在投射方向线的端部；转折的剖切位置线，宜在转角的外顶角处加注相应编号，见《房屋建筑制图统一标准》（GB/T 50001—2017）中的图 7.1.4-1。

（5）平面图上应注出设备、管道定位（中心、外轮廓、地脚螺栓孔中心）线与建筑定位（墙边、柱边、柱中）线间的关系；剖面图上应注出设备、管道（中、底或顶）标高。必要时，还应注出距该层楼（地）板面的距离。

（6）平面图、剖面图中的水、汽管道可用单线绘制，风管不宜用单线绘制（方案设计和初步设计除外）。

7.3.1 单、双线图管道平面图

如图 7-21 所示，该图为一软水泵配管平面图，从图中可以看到，软水泵为 2DA-8 型；吸、压水管各一条，管径均为 *DN*50。

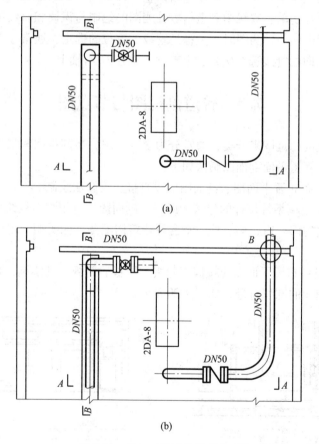

图 7-21 单、双线图管道平面图

（a）单线图管道平面图；（b）双线图管道平面图

吸水干管：从断口起，至吸水立管的 90°弯头止，为地沟敷设。

吸水横管：从吸水立管的 90°弯头起，至软水泵的吸入口止，为明敷设，其上装有 *DN*50 法兰闸阀 1 个。

压水横管：从压水立管的 90°弯头起，至右墙边的 90°弯头止，为架空敷设，其上装有 *DN*50 法兰止回阀 1 个。

压水干管：从右墙边压水横管的 90°弯头起，至断口止，为架空敷设。

7.3.2 单、双线图管道剖面图

7.3.2.1 单、双线图管道 *A—A* 剖面图

如图 7-22 所示，该图为单、双线图管道 *A—A* 剖面图，从图中可以看到：

吸水立管：从吸水干管的断口（标高−0.250）起，上升至 90°弯头（标高 0.500）止，±0.000 以下为地沟敷设，以上为明敷设。

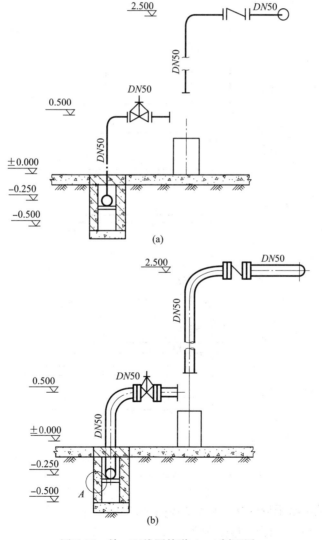

图 7-22 单、双线图管道 *A—A* 剖面图

（a）单线图管道 *A—A* 剖面；（b）双线图管道 *A—A* 剖面

　　吸水横管：从吸水立管的 90°弯头（标高 0.500）起，向右至软水泵吸入口止，为明敷设，其上装有 *DN*50 法兰闸阀 1 个。

　　压水立管：从软水泵出口起，上升至 90°弯头（标高 -2.500）止，为明敷设。

　　压水横管：从压水立管的 90°弯头（标高 2.500）起，向右至右墙边的 90°弯头（标高 2.500）止，为架空敷设，其上装有 *DN*50 法兰止回阀 1 个。

7.3.2.2　单、双线图管道 *B*—*B* 剖面图

　　如图 7-23 所示，该图为单、双线图管道 *B-B* 剖面图，从图中可以看到：

　　吸水干管：从断口（标高 -0.250）起，向左至 90°弯头（标高 -0.250）止，为地沟敷设。

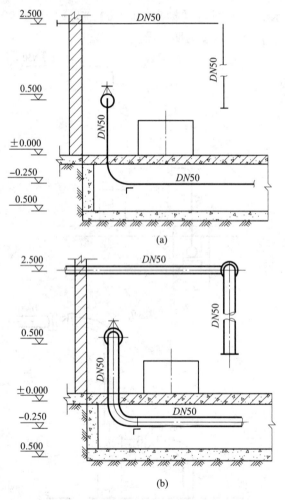

图 7-23　单、双线圈管道 *B*—*B* 剖面图
（a）单线图管道 *B*—*B* 剖面；（b）双线图管道 *B*—*B* 剖面

　　吸水立管：从吸水干管的 90°弯头（标高 -0.250）起，上升至 90°弯头（标高 0.500）止，±0.000 以下为地沟敷设，以上为明敷设。

　　压水立管：从软水泵出口起，上升至 90°弯头（标高 -2.500）止，为明敷设。

压水干管：从压水横管的 90° 弯头（标高−2.500）起，向左至断口（标高−2.500）止，为架空敷设。

7.3.3　管道节点图

管道节点图，是管道图某个局部（通常称为节点）的放大图，如图 7-24 所示。

7.3.3.1　管道节点图的作用、代号与标注

当管道平面图、立面图和剖面图等图样，对某一节点部位无法表示清楚时，需要绘制节点图。该图能清楚地反映出某一局部管道或组合件的详细结构和尺寸。

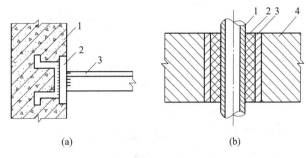

(a)　　　　　　　　(b)

图 7-24　管道节点图

(a) A 节点：1—钢筋混凝土沟壁；2—预埋钢板；3—角钢支架；

(b) B 节点：1—压水干管；2—石棉绳；3—套管；4—墙

7.3.3.2　管道节点图

管道节点图一般是以英文字母为代号。标注时有两种：一是在节点图所在的图样（平面图、立面图或剖面图）中，先用粗实线画 1 个小圆，将需要表示的节点部位圈起，小圆的直径视图面大小而定，一般为 8~16mm，然后在小圆的旁边标注上代号，如"A"；二是在相应节点图的下方标注上相同的代号，如"节点 A"。

7.4　管道制图的一般规定

管道工程图的绘制和表示方法要按国家标准进行。管道种类较多，在给水排水制图标准 GB/T 50106—2010 和暖通空调制图标准 GB/T 50114—2010 中，对该专业制图的标高、坡度等均做了规定。

7.4.1　管道标高

7.4.1.1　标高的分类

标高分为绝对标高和相对标高两种。

7.4.1.2　标高的符号

标高符号应以直角等腰三角形表示，详见《房屋建筑制图统一标准》（GB/T 50001—2017）的 11.8 节。标高的符号如图 7-25 所示，由小三角形和短横线组成。选用细实线绘制，绘制时小三角形的尖要与管线或标高引出线接触，小三角形尖的指向可向上也可向下。

7.4.1.3　标高值

在不宜标注垂直尺寸的图样中，应标注标高。标高以 m 为单位，一般注写到小数点后第三位；在总平面图及相应的厂区（小区）给水排水图中可注写到小数点后第二位。管道所注标高未予说明时，表示管中心标高。管道标注管外底或顶标高时，应在数字前加

"底"或"顶"字样。

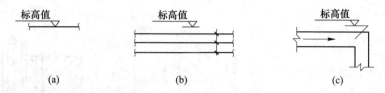

图 7-25　在平面图中管道、沟道标高的标注方式
(a) 单管；(b) 多管；(c) 沟道

相对标高为零（点）时，以±0.000 表示；低于相对标高为零（点）的标高，在其标高值前以"–"表示，如–0.800；高于相对标高为零（点）的标高，在其标高值前不写"+"号，如 1.200。

7.4.1.4　管道标高的标注位置

管道的标高，一般标注在管道的起点、终点、交叉点、转弯点、变坡点等处。

压力（流）管道宜标注管中心标高，室内外的重力（流）管道宜标注管内底标高，沟道宜标注沟内底标高。

平面图中无坡度要求的管道标高可以标注在管道截面尺寸后的括号内，如"$DN32$（2.50）""200×200（3.10）"。必要时，应在标高数字前加"底"或"顶"的字样。

7.4.1.5　管道标高的标注方式

管道标高的标注方式分为平面图、系统图和剖面图中的标注方式 3 种。

（1）在平面图中管道标高的标注方式有两种：一种是单管标高的标注方式，如图 7-25（a）所示；另一种是多管标高的标注方式，如图 7-25（b）所示。在平面图中沟道标高的标注方式如图 7-25（c）所示。

（2）在系统图中管道标高的标注方式如图 7-26 所示。

（3）在剖面图中管道标高的标注方式如图 7-27 所示。

图 7-26　在系统图中管道标高的标注方式　　　图 7-27　在剖面图中管道标高的标注方式

7.4.2　管径的符号与标注

7.4.2.1　管径的符号

黑铁管（不镀锌钢管）、白铁管（镀锌钢管）、给排水铸铁管、硬聚氯乙烯管等以公称直径的符号 DN 表示，如 $DN15$、$DN100$。无缝钢管、螺旋缝或直缝焊接钢管、铜管、不

锈钢管，当需要注明外径和壁厚时，用"D（或ϕ）外径×壁厚"表示，如"$D108×4$""$\phi108×4$"。在不致引起误解时，也可采用公称通径表示。金属或塑料管用"d"表示，如"$d10$"。

7.4.2.2 管径的标注位置

水平管道的规格宜标注在管道的上方；竖向管道的规格宜标在管道的左侧。管径一般标注在下列位置：管道变径处、水平管道的上方、竖管道的左侧、斜管道的斜上方，如图7-28所示。当斜管道不在图7-29所示30°范围内时，其管径（压力）、尺寸应平行标注在管道的斜上方。

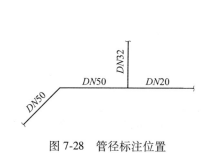

图7-28 管径标注位置

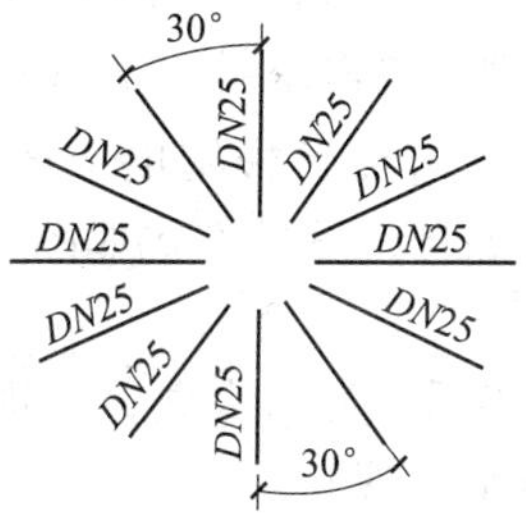

图7-29 管径（压力）的标注位置示例

7.4.2.3 管径的标注方式

管径的标注方式分为两种：一种是单管的标注方式，如图7-30（a）所示；另一种是多管的标注方式，如图7-30（b）所示。

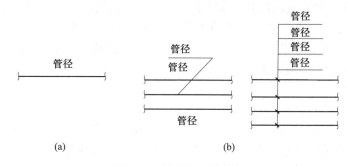

(a)   (b)

图7-30 管径的标注方式

7.4.3 管道的坡度与坡向

管道坡度与坡向的表示如图7-31所示。通常管道的坡度以"i"表示，其后是等号和坡度值。坡向以单面箭头表示，箭头指向管道低的一端。

图7-31 管道的坡度与坡向

7.4.4 室内给排水系统与附属构筑物的编号

室内给排水系统与附属构筑物的编号分为室内给排水系统进出口的编号、室内给排水立管的编号和给排水附属构筑物的编号。

7.4.4.1　室内给排水系统进出口的编号

当室内给排水系统的进出口数量多于一个时，应进行编号，编号方式如图7-32所示，一般是在 $\phi10\text{mm}$ 的小圆内通过圆心画一水平直径。在水平直径的上方是系统类别代号（汉语拼音字头）；下方是系统编号（阿拉伯数字）。例如：

图7-32　室内给排水系统进出口的编号

表示1号给水系统（即第一个给水进口）；

表示2号给水系统（即第二个给水进口）；

表示1号排水系统（即第一个排水出口）；

表示2号排水系统（即第二个排水出口）。

7.4.4.2　室内给排水立管的编号

当建筑物内穿过楼层的立管多于1根时，应进行编号，编号方式如图7-33所示。例如：

（a）　　　　　　　　（b）

图7-33　室内给排水立管的编号
（a）平面图；（b）系统图

JL-1，表示1号给水立管（即穿过楼层的第一根给水立管）；

JL-2，表示2号给水立管（即穿过楼层的第二根给水立管）；

JL-1，表示1号排水立管（即穿过楼层的第一根排水立管）；

JL-2，表示2号排水立管（即穿过楼层的第二根排水立管）。

7.4.4.3　给排水附属构筑物的编号

给排水附属构筑物是指阀门井、水表井、检查井、化粪池等。当其数量多于一个时应进行编号，编号由构筑物代号（汉语拼音字头）和顺序号（阿拉伯数字）组成。例如：W1，表示为1号污水井。其编号顺序为：给水阀门井，从干管到支管，由水源到用户；排水检查井，从上游至下游，先干管后支管。

7.4.5　系统代号

（1）一个设计中同时有供暖、通风、空调等两个及以上的不同系统时，应进行系统编号。

（2）暖通空调系统编号、入口编号，应由系统代号和顺序号组成。

（3）系统代号由大写拉丁字母表示，顺序号由阿拉伯数字表示，见表7-1。当一个系统出现分支时，可采用图7-34的画法。

表7-1　系统代号

序号	字母代号	系统名称	序号	字母代号	系统名称
1	N	（室内）供暖系统	9	X	新风系统
2	L	制冷系统	10	H	回风系统
3	R	热力系统	11	P	排风系统
4	K	空调系统	12	JS	加压送风系统
5	T	通风系统	13	PY	排烟系统
6	J	净化系统	14	P（Y）	排风与排烟系统
7	C	除尘系统	15	RS	人防送风系统
8	S	送风系统	16	RP	人防排风系统

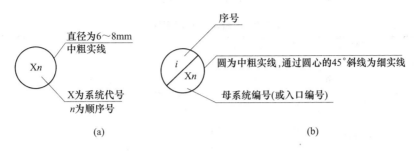

图 7-34　系统代号、编号的画法

（4）系统编号宜标注在系统总管处。

（5）竖向布置的垂直管道系统，应标注立管号，如图 7-35 所示。在不致引起误解时，可只标注序号，但应与建筑轴线编号有明显区别。

图 7-35　立管号的画法

7.4.6　采暖系统入口与采暖立管的编号

7.4.6.1　采暖系统入口的编号

采暖系统入口的编号方式如图 7-36（a）所示。通常是在 $\phi 10mm$ 的小圆内为系统入口代号（汉语拼音字头）和入口编号（阿拉伯数字）。例如：表示 1 号采暖入口。

7.4.6.2　采暖立管的编号

采暖立管的编号方式如图 7-36（b）所示。通常是在 10mm 直径的小圆内为立管代号（汉语拼音字头）和立管编号（阿拉伯数字）。

图 7-36　采暖系统入口和采暖立管的编号方式
（a）采暖系统入口的编号方式；（b）采暖立管的编号方式

7.4.7　管道代号

在同一管道图中，若有几种不同的管路时，为了区别，一般是在管线的中间注上汉语拼音字母的规定代号，如图 7-37 所示。管路常用的规定代号见表 7-2。

表 7-2 管路常用的规定代号

序号	名称	规定代号	序号	名称	规定代号
1	给水管路	J	5	热水管路	R
2	循环水管路	XH	6	排水管路	P
3	凝结水管路	N	7	污水管路	W
4	冷却水管路	L			

7.4.8 方位标

在底层平面图上，也是通常采用指北针来表示管道或建筑物的方位。指北针用细实线绘制，小圆直径视图面大小而定，一般不超过 24mm；指针的尾宽宜为小圆直径的 1/8，如图 7-38 所示。

图 7-37 管道代号　　　　　　　　图 7-38 方位标

7.5 管道工程设计图应用实例

7.5.1 设计依据

以某银行大楼空调系统管道布置为例进行管道工程设计图，该大楼总建筑面积约 4800m² ，共 10 层。主要设计参数有：

（1）银行大楼所在地区室外空气气象条件，见表 7-3。

表 7-3 某银行大楼所在地区室外空气气象条件

夏季	空调计算干球温度/℃	空调计算湿球温度/℃	风速/m·s⁻¹
	36	27.8	24
冬季	空调计算干球温度/℃	空调计算相对湿度/%	风速/m·s⁻¹
	−3	81	2.6

（2）某银行大楼室内温度和相对湿度要求见表 7-4。

表 7-4　某银行大楼室内温度和相对湿度要求

房间名称	夏　季			冬　季	
	温度/℃	相对湿度/%	新风量/m³·h⁻¹	温度/℃	相对湿度/%
营业厅	24~26	50~60	3000	16~18	45~60
舞厅	24~27	50~60	8000	18	45~60
业务间	24~26	50~60	1200	18	45~60

（3）通过相关公式计算得出：空调系统总冷负荷 796kW，热负荷 690kW。

（4）空调系统设备选型。选用蒸汽型溴化锂吸收式双效制冷机 SXZ-480 两台。冷却水循环水量 130t/h×2，冷冻水循环水量 80t/h×2。冷却塔选用 HD 圆形逆流低噪声 150t/h 两台。冷却泵为 IS50-125-315A，$G=150\mathrm{m}^3/\mathrm{h}$，$H=29\mathrm{m}$ 水柱，$N=22\mathrm{kW}$。冷冻泵为 IS125-100J-315，$G=100\mathrm{m}^3/\mathrm{h}$，$H=36\mathrm{m}$ 水柱，$N=15\mathrm{kW}$。

（5）空调系统组织。营业厅、舞厅、多功能厅采用风柜，大风管低速送风，集中上回风，全部风柜安装在吊顶内，不占商业用地。部分风柜在回风总管上接室外新风，根据室内和季节要求，调节新风量。业务办公房内，设卧式暗装风机盘管，并设有新风系统。

（6）空调系统管道保温。风管采用复合玻璃钢，即内外层为玻璃钢，内夹聚苯乙烯保温板厚 20mm。冷水管及凝水管采用离心玻璃棉瓦，外包塑料薄膜防潮层，再包玻纤布，刷防火漆，保温层厚度为 25~45mm。

7.5.2　安装要点

（1）所有冷水管道直径 DN<50mm，采用热镀锌钢管，DN>50mm 采用焊接钢管。钢管 DN<32mm 用丝扣连接，DN>32mm 采用焊接。钢管焊接严禁大小管径相互套焊接。

（2）焊接钢管焊前要除锈，并刷两遍防锈漆，凝结水管全部为丝扣连接。

（3）所有水管均抬头安装，坡度不小于 3‰（凝结水管低头敷设），坡向最高点设自动排气阀，最低点设排水阀。

（4）风柜和风机盘管的进出水管上各加金属软接头一个、闸阀一个，进水管上加 Y 形过滤器一个。

（5）冷水管道支吊架处，设与保温层同厚度、长 60mm 的木瓦块，并在使用前浸过沥青。

（6）水管在安装后进行清洗，并打开各处的 Y 形过滤器，除掉泥沙和锈渣。清洗合格后进行打压，打压压力为 0.8MPa，15min 不掉压为合格。打压合格后，进行保温。

（7）风管和水管穿墙和穿楼板时要预埋套管，并大于该管道 2 号或保证 10mm 以上的间隙，在其内填以软性保温隔热材料。

（8）风管和冷水管道支吊架距离参见施工验收规范。

（9）凡未说明之处均按施工验收规范执行。

7.5.3　空调系统设计图

由于银行大楼总建筑面积较大，楼层较多，相关空调系统设计图也较多。其中典型楼层的空调系统管道平面布置如图 7-39~图 7-44 所示。

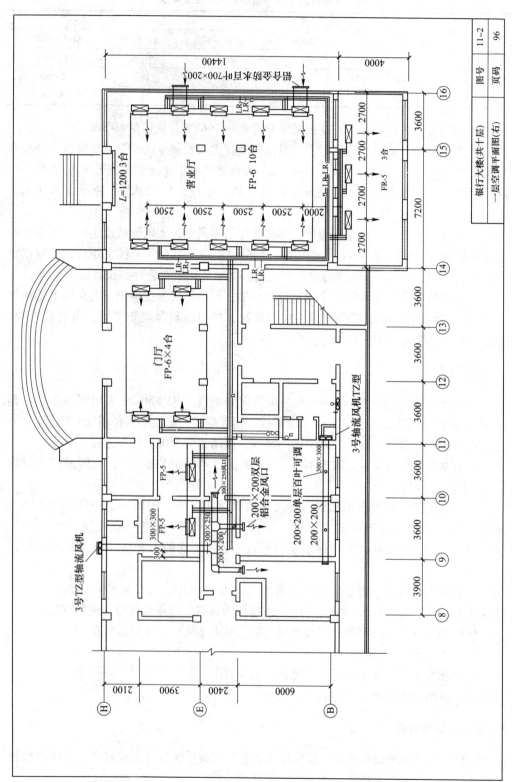

图 7-39　平面布置图 1

银行大楼（共十层）	图号	11-2
一层空调平面图(右)	页码	96

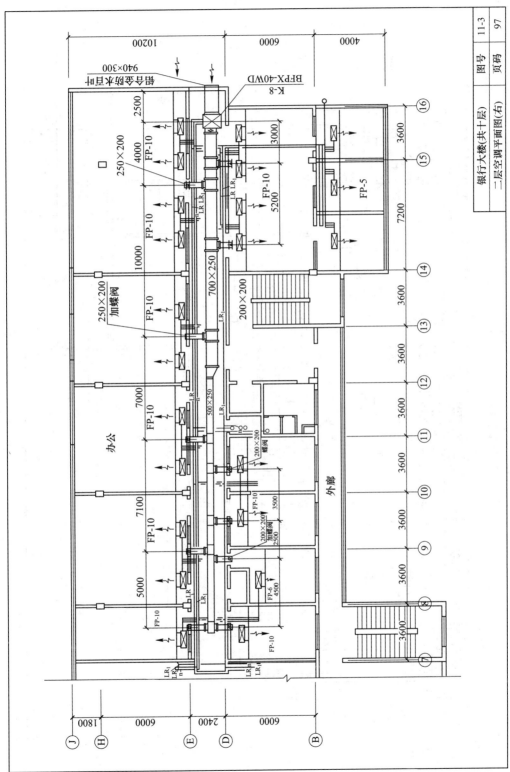

图 7-40 平面布置图 2

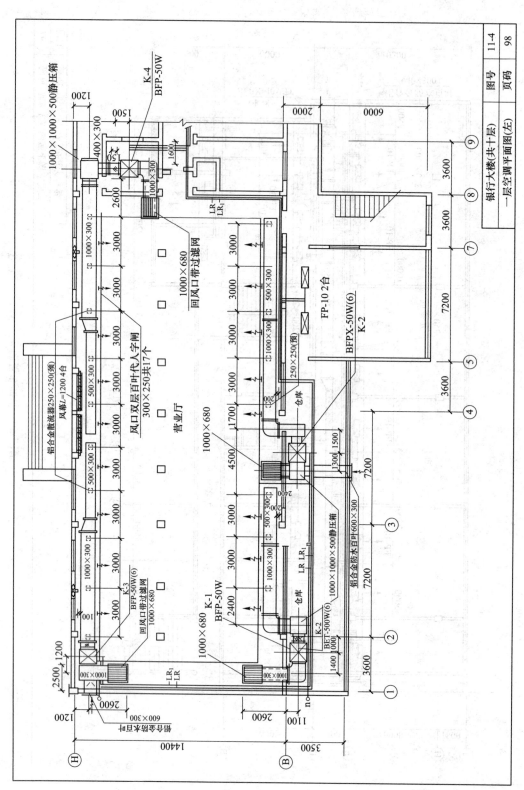

图 7-41 平面布置图 3

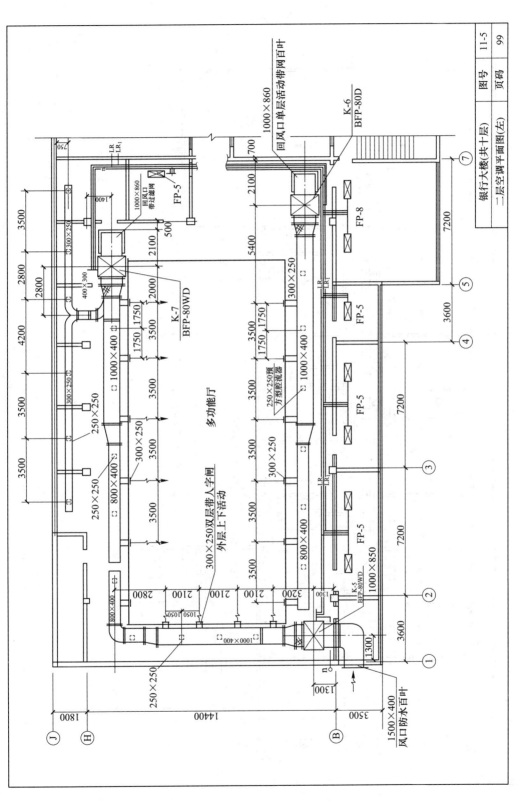

图 7-42 平面布置图 4

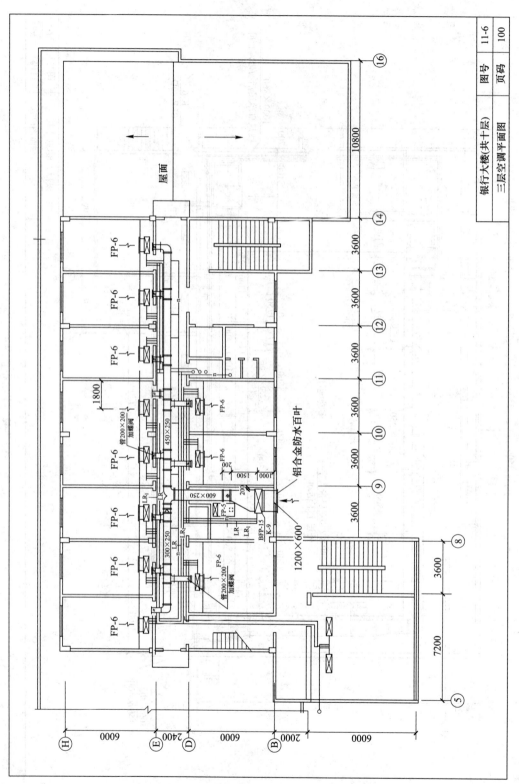

图 7-43　平面布置图 5

银行大楼(共十层)	图号	11-6
三层空调平面图	页码	100

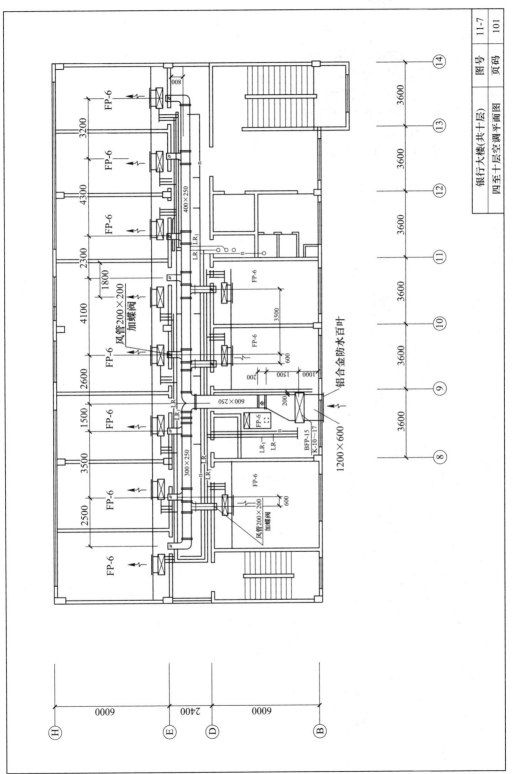

图 7-44　平面布置图 6

复　习　题

7-1　何谓管道工程图，按其图形分哪几种？

7-2　何谓管道轴测图，按其图形分哪几种，有何区别？

7-3　何谓管道剖视图，按其被剖的范围可分哪几类？

7-4　何谓管道节点图？简述其作用、代号与标注。

7-5　简述管道标高的标注特点。

7-6　简述管径的符号与标注的特点。

8 通风除尘系统设计图

通风是指为营造出合乎卫生要求的空气环境，对厂房或居室进行换气的技术。这种换气技术是通过合理组织空气的流动，在局部地点或整个建筑物中把不符合卫生要求的空气排走，将符合卫生要求的干净空气送至所需要的场所。通风除尘是指利用通风的方法排除并净化被粉尘污染的空气技术。通风是工业生产中经常采用的控制粉尘及其有害物质的手段，目的是以最小的费用取得最大的控制效果。

通风除尘系统设计属于采暖通风与空气调节专业范围。国家住房和城乡建设部于2016年11月17日印发了《建筑工程设计文件编制深度的规定》（2016），并于2017年1月1日实施。但这些规定和标准主要是针对民用建筑和一般工业建筑，涉及通风除尘设计的内容极少，并且各设计院均有自己的规定。本章的内容可供参考。

8.1　初步设计说明

（1）设计依据：

1）设计所依据的主要有关通风除尘的规范、标准和规定。

2）上级批准的可行性报告或委托方设计任务书对通风除尘设计的要求。

3）有关部门或委托方提供的有关原始资料或协议书。

4）当地室外气象参数（按需要列出）。

（2）设计范围。设计涉及的范围及与有关方的分工。

（3）通风除尘现状简述。简述本设计项目通风除尘装置、系统的现状，运行情况和使用效果。如为新建设项目，可不写。

（4）与通风除尘设计有关的车间及其工艺设备、工艺过程。简述与通风除尘设计有关的车间情况、工艺设备、工艺过程。

（5）通风除尘设计原则：

1）应达到工作地点有害物质的允许浓度。

2）应达到排放浓度。

3）简述机械通风、自然通风、全面通风、局部通风、防排烟的设置原则，除尘及净化装置的选用原则等。

4）主要或复杂的通风除尘系统流程简述或用图表说明。简要说明自然通风方式、通风量、主要设计参数及计算结果、天窗及排风风帽形式、进风方法等。

（6）自然通风。简要说明自然通风方式、通风量等主要设计参数及计算结果，天窗及排风风帽形式，进风方法等。

（7）机械全面通风。简要说明机械全面进风及排风方式、主要设计参数及计算结果、设备选型及规格。

（8）通风除尘（或有害气体净化）系统。简述设计方案及主要设计参数。结合有关工艺设备、操作情况、与通风除尘有关的工艺参数，说明罩型、系统划分、风量确定、冷却方式、除尘及净化设备、通风机的选用，可达到的工作地点有害物质浓度和排放浓度。

（9）特殊要求。根据设计内容简要说明通风除尘系统中的特殊要求，如防火、防爆措施，对设备的要求，对自动控制的要求等。

（10）防火排烟。叙述防排烟系统的划分，加压送风、排烟装置的风量及设备选用，防排烟系统材料的选择、控制方法等。

（11）维修管理人员和维修设备。复杂的或大型通风除尘系统应特别说明所需要维修人员的工种、数量以及维修所需设备的名称、规格、数量。

（12）概算。简要说明采用何种方法及指标编制概算，并提出投资数。

（13）存在问题和建议。说明需要上级部门或委任方解决的问题或建议。

（14）附表：

附表1：工艺设备排风量表列出相应工艺设备表；罩型、排风量和系统编号。

附表2：通风除尘系统耗电、耗水、耗气量汇总表。

附表3：通风除尘（有害气体净化）设备表。列出系统编号，设备编号，设备名称规格、数量。应满足设备订货或加工的要求。

（15）设计图纸。复杂工程的通风除尘系统的初步设计应绘制图纸。图纸内容可视工程繁简及技术复杂程度确定。图纸一般包括平面图、系统流程图。管道可绘单线。

（16）计算书（供内部使用）。初步设计的计算书按国家住房和城乡建设部"建筑工程设计文件编制深度的规定"供内部使用，不发给委托方。

（17）其他。当所涉及的项目作为环境保护治理专项时，应按照国家或当地环保局所规定的内容编制初步设计，有的工程还必须做环境影响评价。

8.2 施工图说明

8.2.1 施工图文件组成

通风除尘（或有害气体净化）系统的施工图应由以下文件组成：

（1）封面。内容有项目名称、设计人、审核人、单位技术领导人、设计单位名称、设计证书编号及年、月、日等。

（2）图纸目录。先列新绘制设计图纸，后列选用的本单位通用图、重复使用图，最后列选用的国家、地方标准图。

（3）首页。内容包括设计概况、设计说明及施工安装说明、设备表、主要材料表、工艺局部排风量表、图例。

（4）平面图。

（5）剖面图。

（6）机房平、剖面图。

（7）系统图。

（8）施工详图，即设备安装，零部件、罩子加工安装图，以及所选用的各种通用图和重复使用图。

（9）计算书（供内部使用）。

8.2.2 设计说明

施工设计说明应包括以下内容：

（1）设计依据，包括批准单位、批准时间及批准文件的名称。

（2）对已批准的初步设计（或方案设计）作重大方案性修改的依据、原因及内容。

（3）与通风除尘有关的室内外气象参数、工作地点有害物浓度及排放浓度标准。

（4）通风除尘（或有害气体净化）方式、系统划分，所选用的除尘、净化、冷却、风机等设备的说明，能达到的工业卫生和环保要求。

（5）隔振、降噪、防火、防爆措施。

8.2.3 施工安装说明

施工安装说明应包括以下内容：

（1）本施工设计中设备、构件及管道施工安装的技术要求，以及应遵守的国家或地方有关施工验收规范、质量检验评定的规范或标准。列出这些规范标准的编号及名称。

（2）所有设备和部件的施工安装调试运行应按产品样本及说明书的规定进行。

（3）风管系统支管与干管连接处的夹角，弯管的曲率半径都应在图中说明。

（4）风管所用材料及厚度。

（5）风管的标高以何处为准。注明必须统一说明的管道坡度。

（6）矩形风管尺寸标法的说明。

（7）风管穿墙、穿沉降缝、穿楼板、穿吊车梁或悬臂吊的处理措施。风管埋地、地沟或套管敷设措施。

（8）风管穿出屋面时按土建×××图施工，对穿出屋面的风管安设拉紧装置的要求。

（9）风机进出口连接管所用材料及接管长度。

（10）通风除尘设备基础采用二次浇灌或其他措施。

（11）对检查孔、清扫孔、测孔及风阀等构件安装位置和操作方便的要求。

（12）设备、风管、构件的支架按××图施工。

（13）排风罩制作要求，按××图制作安装。

（14）需要说明的防火、防爆措施。

（15）设备及风管、水管保温要求，所选保温材料，并按××图施工安装。

（16）设备及管道的涂装要求。

（17）水压或气压试验要求。

（18）其他在图中未表示而又必须说明的要求。

在做具体工程设计时可根据实际情况或业主要求酌情增减设计内容。

8.3 通风除尘系统各部件设计图绘制

一个完整的通风除尘系统主要由吸尘罩、风管、净化设备和通风机组成，本节主要简述和列举与通风除尘系统相关的一些装置、设备和零部件的设计图画法。

8.3.1　吸尘罩

吸尘罩也称局部排风罩，是局部排风并用来捕集粉尘和有害物的重要装置。它的性能好差直接影响整个系统的技术经济指标，性能良好的局部排风罩，如密闭罩，只要较小的风量就可以获得良好的工作效果。由于生产设备和操作的不同，排风罩的形式是多种多样的。

8.3.1.1　伞形罩

伞形罩可安装在扬尘区的上部、下部、侧面，是一种局部吸尘罩。因结构简单，所以应用较为广泛，如图 8-1 所示。图 8-1（a）所示是不加设挡板的伞形罩，图 8-1（b）和图8-1（c）所示是加设挡板的伞形罩。

采用伞形罩，根据扬尘范围、扬尘强度确定伞形罩的形状、罩口面积、安装位置之后，根据含尘气体的扩散速度，确定控制速度口；根据控制点的位置，测出控制点至罩口的距离。

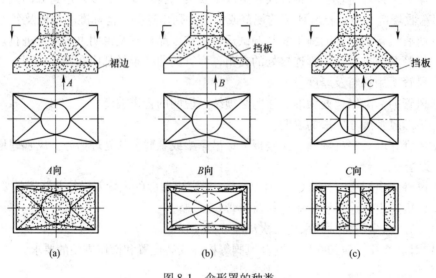

图 8-1　伞形罩的种类

8.3.1.2　条缝罩

有些设备，扬尘处空间较小，只能采用条缝罩。这里介绍几种条缝罩，如图 8-2 所示。

图 8-2（a）所示为粉状物从料库经一段布袋放入料斗，落入料斗时有扬尘，在料斗上部装设条缝罩。图 8-2（a'）所示为该条缝罩的工作图。图 8-2（b）所示为冲天炉在熔炼过程中，特别是在加料时，300℃左右的高温炉气携带着粉尘从加料口的上缘喷出炉外，在喷出处装设条缝罩。图 8-2（b'）所示为该条缝罩的工作图。图 8-2（c）所示为反应釜，有毒气产生，在上部边沿处装设条缝罩。图 8-2（c'）所示为该条缝罩的工作图。如图 8-2（d）所示，车床车制铸铁件时，铁屑呈粉末状，对人体伤害极大，在刀架处装一条缝罩，使吸风口与车刀刀尖保持一定距离，随时抽吸铁屑。图 8-2（d'）所示为该条缝罩的工作图。

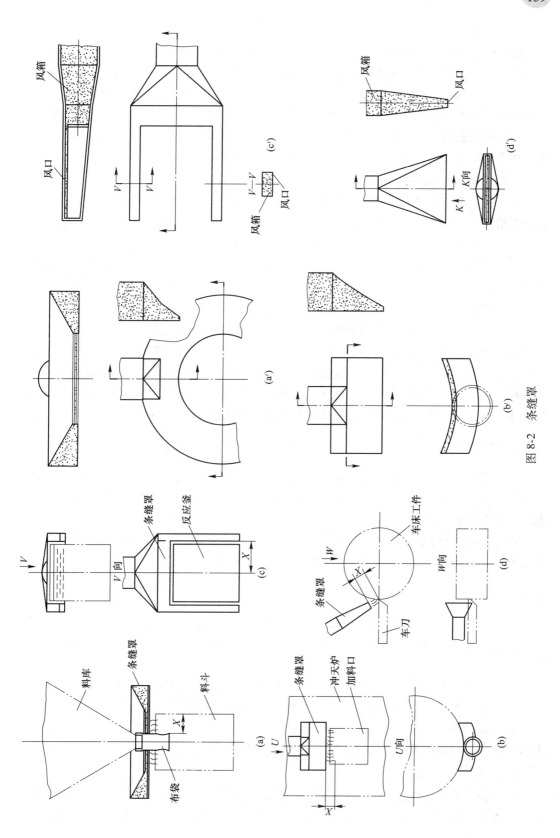

图 8-2　条缝罩

8.3.1.3　全密封罩

欲使扬尘区内的含尘气体全部抽吸到吸尘罩内，必须使该区域内形成负压成为负压区，把负压区全部遮挡起来的吸尘罩称为全密封罩。采用全密封罩是控制粉尘扩散最有效的手段。抽吸那些高浓度、高温、高动能的含尘气体时，要尽量设法采用全密封罩。用滚筒清理小铸件上的黏砂、扬尘，设计一专用全密封罩，如图 8-3 所示。把滚筒安装在罩内，粉尘容易控制。图 8-3（a）所示为清理滚筒密封罩装配图，由底座 01 和上盖 02 组成，两者之间放置密封条。在底座一侧抽风使罩内保持负压。

8.3.1.4　局部密封罩

局部密封罩是对扬尘区大部分给予密封，只有少部分未给予密封，是敞开的。"局部"是指未给予密封的部分。图 8-4 所示为转运点局部密封罩的两种结构，用在带式运输机的转运处。如图 8-4（a）所示结构，罩内空间小又是在下部抽吸，物料下落时诱导气体的影响，有一部分含尘气体外溢。如图 8-4（b）所示结构，罩内空间加大在上部抽吸，含尘气体外溢较少。

8.3.1.5　吹吸罩

一台风机工作时，在进风口处抽吸风力小，在出风口处喷吹风力大。对一个扬尘区完全采用抽吸时抽风量大。采用一面抽，一面吹，两者结合起来，就可以以较小的风量控制住扬尘。图 8-5 所示吹吸罩供落砂机除尘。图 8-5（a）所示为前面敞开，上面局部开通进行抽风，上面扬尘难以控制。在开通处的一侧装一条缝式吹风罩，吹风形成空气幕可以挡住扬尘。图 8-5（b）所示为在前面设门遮挡，设门后抽风量可以减少一半。

8.3.2　通风管道

吸尘罩、除尘器、通风机通过管道连接成一体，成为一个除尘系统。为了提高系统的经济性，应合理选定风管中的气流速度，管路应力求短、直。风管通常用表面光滑的材料制作，如薄钢板、聚氯乙烯板等。

图 8-6 所示为某铁矿选矿厂转运站通风除尘系统管道布置图。图 8-6（a）所示为通风管道布置平面图，图 8-6（b）所示为通风管道布置剖面图。

8.3.3　除尘器

除尘器是从含尘气流中将粉尘颗粒予以分离的设备。也是通风除尘系统中的主要设备之一，它的工作好坏将直接影响到排往大气中的粉尘浓度，从而影响周围环境的卫生条件。

除尘器的类型众多，在选择除尘器时，必须从各类除尘器的除尘效率、阻力、处理风量、漏风量、耗钢量、一次投资、运行费用等指标加以综合评价后才确定。

除尘器的种类繁多、形式多样，常用的除尘器主要有沉降除尘器（重力除尘器）、惯性除尘器、旋风除尘器、袋式除尘器、湿式除尘器和静电式除尘器。

8.3.3.1　沉降除尘器

沉降除尘器是利用粉尘本身的重量使粉尘从空气中分离的一种除尘设备。如图 8-7 所示中共有 5 个型号的沉降除尘器，图 8-7（a）是其装配图，图 8-7（b）~（g）是其零件图。

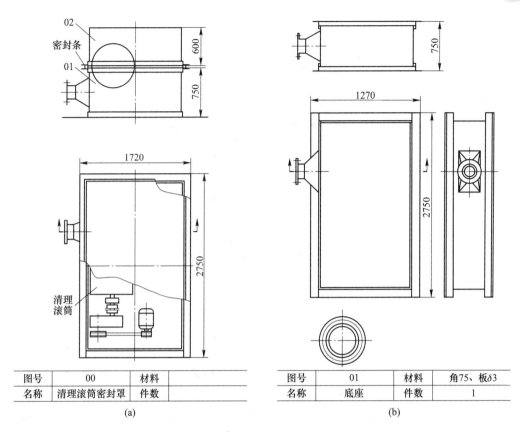

图号	00	材料	
名称	清理滚筒密封罩	件数	

(a)

图号	01	材料	角75、板δ3
名称	底座	件数	1

(b)

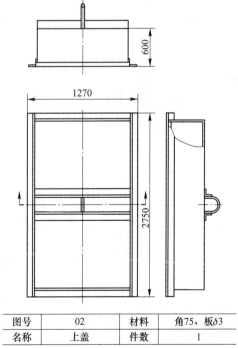

图号	02	材料	角75、板δ3
名称	上盖	件数	1

(c)

图 8-3　全密闭罩

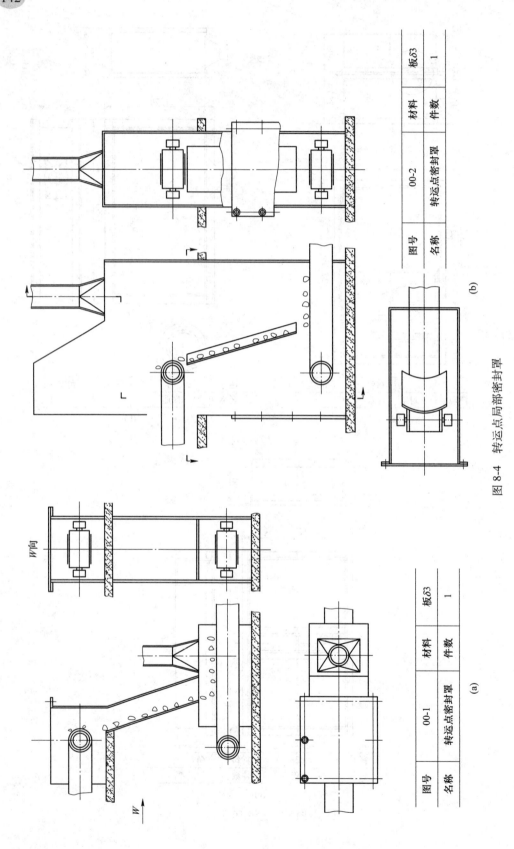

图号	00-2	材料	板δ3
名称	转运点密封罩	件数	1

(b)

图号	00-1	材料	板δ3
名称	转运点密封罩	件数	1

(a)

图 8-4　转运点局部密封罩

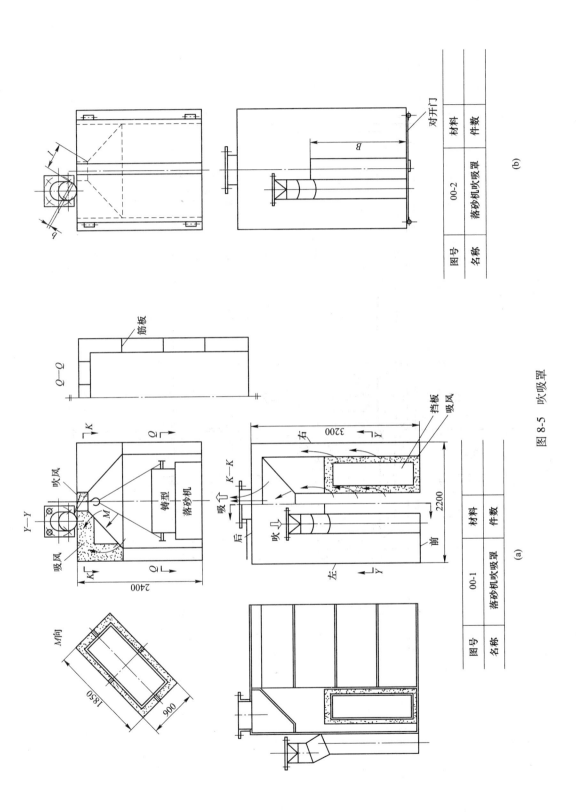

图 8-5 吹吸罩

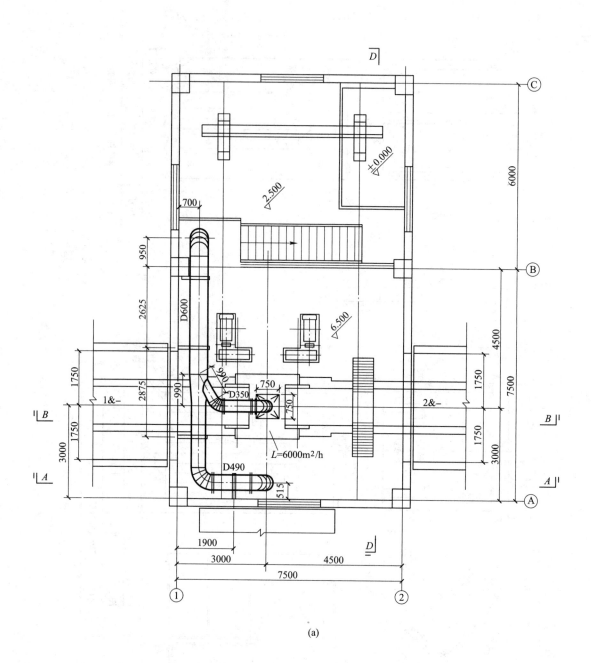

(a)

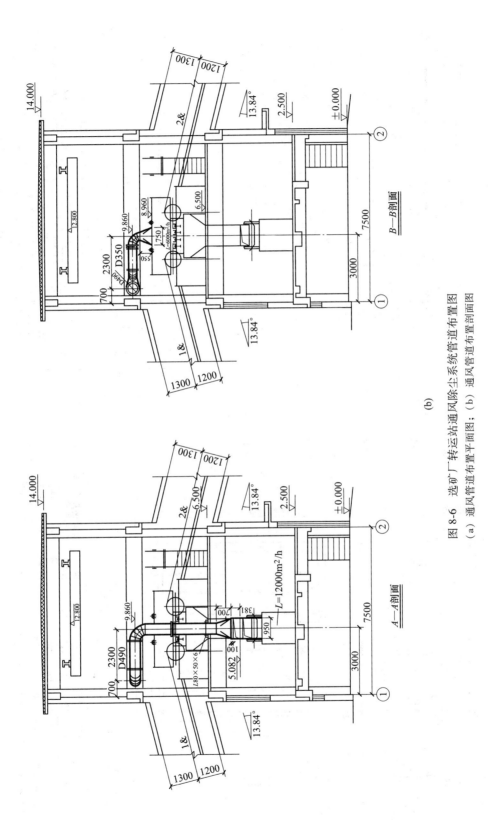

图 8-6 选矿厂转运站通风除尘系统管道布置图

(a) 通风管道布置平面图；(b) 通风管道布置剖面图

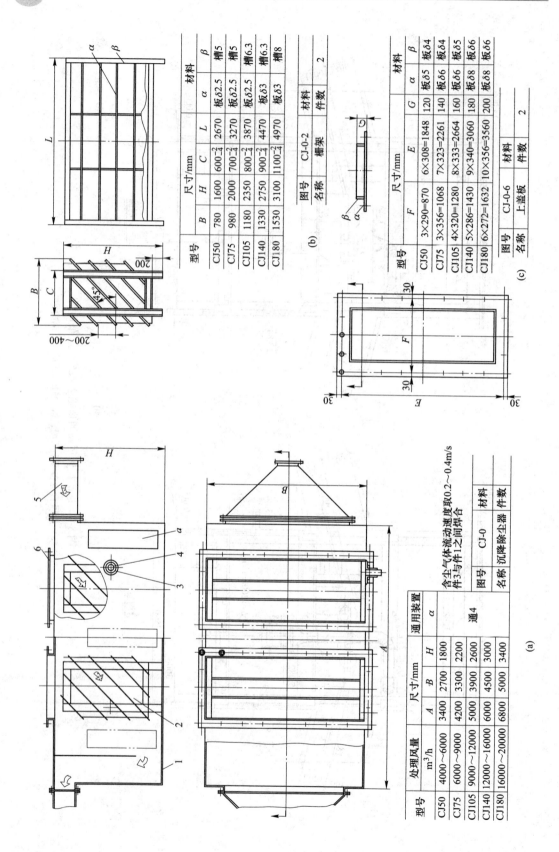

(b)

型号	尺寸/mm				材料	
	B	H	C	L	α	β
CJ50	780	1600	600$\frac{-2}{-4}$	2670	板δ2.5	槽5
CJ75	980	2000	700$\frac{-2}{-4}$	3270	板δ2.5	槽5
CJ105	1180	2350	800$\frac{-2}{-4}$	3870	板δ2.5	槽6.3
CJ140	1330	2750	900$\frac{-2}{-4}$	4470	板δ3	槽6.3
CJ180	1530	3100	1100$\frac{-2}{-4}$	4970	板δ3	槽8

图号	CJ-0-2	材料	
名称	栅架	件数	2

(c)

型号	尺寸/mm			材料	
	F	E	G	α	β
CJ50	3×290=870	6×308=1848	120	板δ5	板δ4
CJ75	3×356=1068	7×323=2261	140	板δ6	板δ4
CJ105	4×320=1280	8×333=2664	160	板δ6	板δ5
CJ140	5×286=1430	9×340=3060	180	板δ8	板δ6
CJ180	6×272=1632	10×356=3560	200	板δ8	板δ6

图号	CJ-0-6	材料	
名称	上盖板	件数	2

(a)

含尘气体流动速度取0.2～0.4m/s
件3与件1之间焊合

型号	处理风量 m³/h	尺寸/mm				通用装置
		A	B	H		α
CJ50	4000～6000	3400	2700	1800		
CJ75	6000～9000	4200	3300	2200		通4
CJ105	9000～12000	5000	3900	2600		
CJ140	12000～16000	6000	4500	3000		
CJ180	16000～20000	6800	5000	3400		

图号	CJ-0	材料	
名称	沉降除尘器	件数	

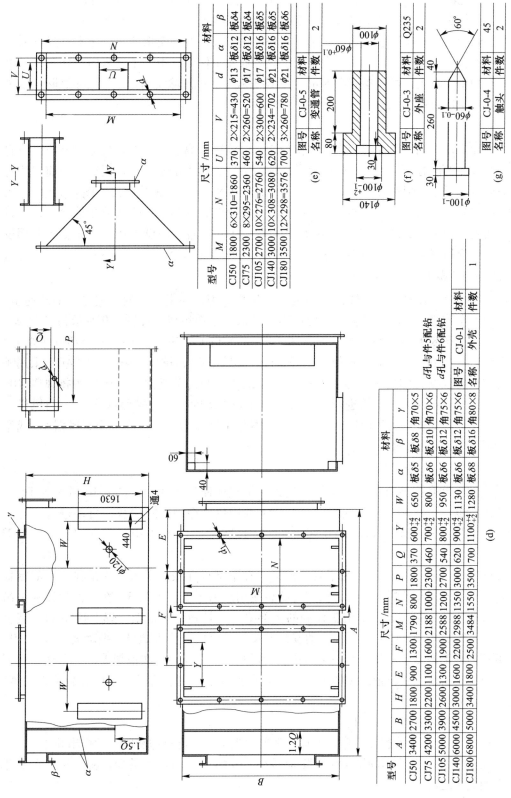

图 8-7 沉降除尘器

一般常见的沉降除尘器很简单是一个矩形空间。这里介绍的 CJ 型沉降除尘器，为了沉降细小的粉尘，为了提高沉降效率，增设栅架，栅架上装设倾斜的平板，有利于粉尘沉降。在外壳上，对着栅架装设触头，定时在外部敲触头，振动栅架清灰。考虑沉降下来的粉尘数量不会太大，故不设灰斗。在外壳上设置通 4 工作门，由人工进入内部除灰。如果沉降下来的粉尘量大，可以参照图 8-8（c）设置灰斗。沉降除尘器可以作为多级除尘系统的第一级除尘进行粗净化。

8.3.3.2　惯性除尘器

惯性除尘器是利用惯性力的作用，使粉尘从气流中分离出来。在惯性除尘器内，障碍物设置在气流的前方，气流抵达障碍物急剧改变方向，粉尘由于惯性作用继续向前与障碍相撞而被收集下来。惯性除尘器如图 8-8 所示，图 8-8（a）是其装配图，图 8-8（b）～图 8-8（e）是其零件图。在除尘器内设置挡板，上下交错，含尘气体进入除尘器之后，先折向下方之后折向上方，经 12 次转向离开除尘器。在除尘器下部设置灰斗，在灰斗上部设置反射屏；反射屏阻挡灰斗内的粉尘被气流卷起防止二次扬尘。

8.3.3.3　旋风除尘器

旋风除尘器是依靠含尘气体做圆周运动产生离心力，在离心力的作用之下清除粉尘。旋风除尘器也称之为离心除尘器，它由内筒、外筒、锥筒组成。如图 8-9 所示为 CLT/B 1 旋风除尘器，图 8-9（a）是其装配图，图 8-9（b）～（g）是其零件图，共介绍 6 个型号。如图 8-9（a）中在出风口处，连接有三种管件，集风帽 4A，排风管 4B，弯管 4C；采用哪一种管件，要根据具体情况选定。如进行正压操作，又是单级除尘，应采用排风管 4B，把净化后的气体排入大气。如进行负压操作，又是单级除尘，应采用弯管 4C，与风机的进风口处相连。如进行负压操作，多级除尘，本除尘器作为首级，应采用集风帽 4A 或弯管 4C 与下一级除尘器相通。

8.3.3.4　袋式除尘器

袋式除尘器是把滤布缝制成袋状，过滤含尘气体使气体净化。图 8-10 所示为 DS/A 型袋式除尘器，它采用负压、内滤；在滤袋上部用机械振动方式清灰，自动进行；从下部灰斗过滤风，从上部排风。图 8-10（a）是其装配图，图 8-10（b）～（p）是其零件图。

在图 8-10（a）中箱体 2，为了安装滤袋，在下部设花板。所谓花板是在平直的钢板上开孔，在每一开孔处焊一圆圈，供捆扎滤袋使用。为了安装框架 3，在上部焊接 4 个吊座 12，为了对框架限位，在框架工作处的上部要焊上挡板。对框架，焊上拉扣 11，装上拉伸弹簧 10、螺杆 9，由 4 个螺杆拉动着框架穿入吊座内，旋入螺母。振动装置（通 10）ZD（B）使框架振动。滤袋 7 的一端捆扎在袋托 8 上，袋托固定在框架上。在框架与它上面的挡板靠拢的情况下，把滤袋的另一端捆扎在花板上，在捆扎时不要把滤袋拉得太紧，以免在抖动时损伤。

箱体下面的装置有三种结构。

1A 是灰斗，除尘器连续工作，收集下来的粉尘量大，通过卸灰阀连续排出粉尘。

1B 是储灰斗，除尘器间歇工作、除尘器小，收集下来的粉尘量少，粉尘储存在灰斗内，定期人工运出。

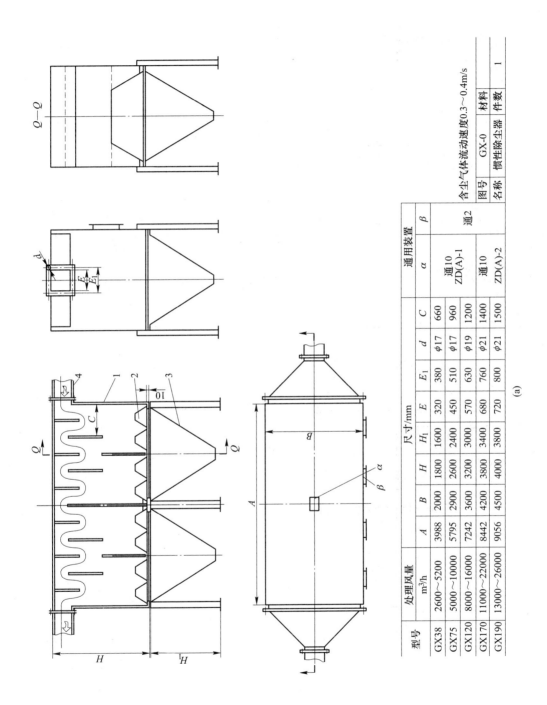

型号	处理风量		尺寸/mm									通用装置		含尘气体流动速度0.3~0.4m/s	
	m³/h	A	B	H	H₁	E	E₁	d	C			α	β		
GX38	2600~5200	3988	2000	1800	1600	320	380	φ17	660			通10 ZD(A)-1	通2	图号	GX-0
GX75	5000~10000	5795	2900	2600	2400	450	510	φ17	960						
GX120	8000~16000	7242	3600	3200	3000	570	630	φ19	1200					名称	惯性除尘器
GX170	11000~22000	8442	4200	3800	3400	680	760	φ21	1400			通10 ZD(A)-2		材料	
GX190	13000~26000	9056	4500	4000	3800	720	800	φ21	1500					件数	1

(a)

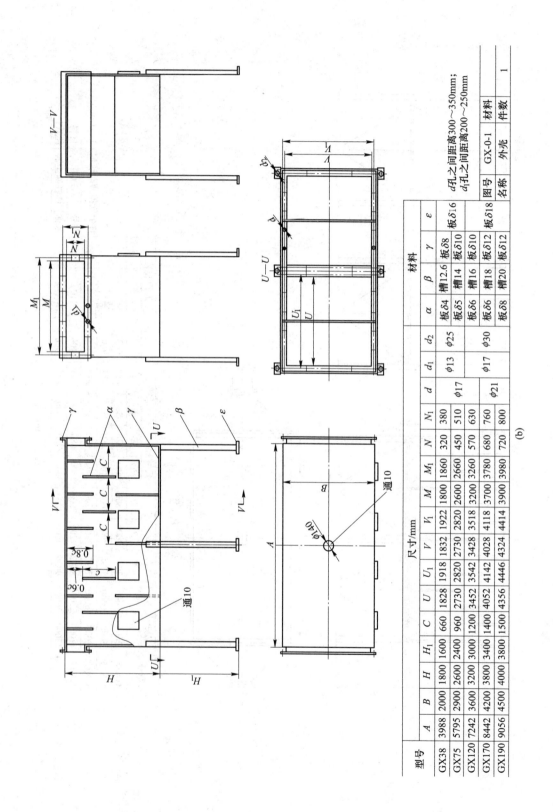

型号	尺寸/mm													材料							
	A	B	H	H_1	C	U	U_1	V	V_1	M	M_1	N	N_1	d	d_1	d_2	α	β	γ	ε	
GX38	3988	2000	1800	1600	660	1828	1918	1832	1922	1800	1860	320	380	φ17	φ13	φ25	板δ4	槽12.6	板δ8	板δ16	
GX75	5795	2900	2600	2400	960	2730	2820	2730	2820	2600	2660	450	510				板δ5	槽14	板δ10		
GX120	7242	3600	3200	3000	1200	3452	3542	3428	3518	3200	3260	570	630				板δ6	槽16	板δ10		
GX170	8442	4200	3800	3400	1400	4052	4142	4028	4118	3700	3780	680	760	φ21	φ17	φ30	板δ6	槽18	板δ12	板δ18	
GX190	9056	4500	4000	3800	1500	4356	4446	4324	4414	3900	3980	720	800				板δ8	槽20	板δ12		

d孔之间距离300~350mm；d_1孔之间距离200~250mm

图号	GX-0-1	材料
名称	外壳	
件数	1	

(b)

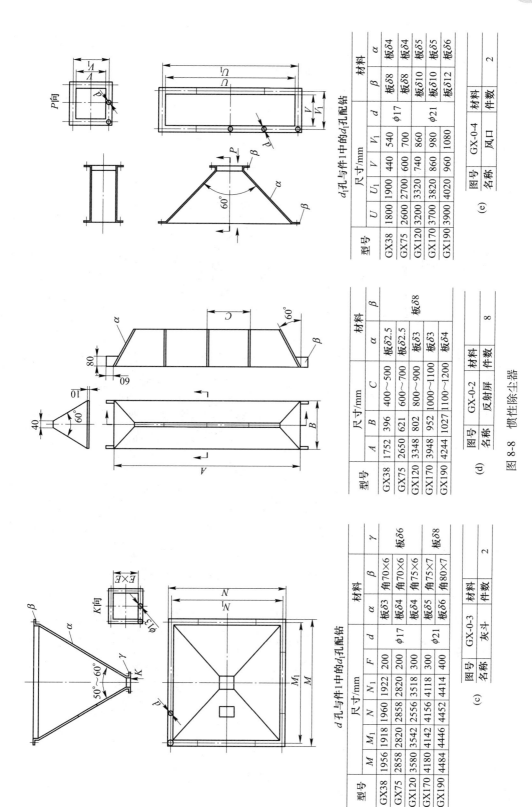

(e)

d_1孔与件1中的d_1孔配钻

型号	尺寸/mm						材料		
	U	U_1	V	V_1	d	α	β	α	
GX38	1800	1900	440	540	$\phi17$		板$\delta8$	板$\delta4$	
GX75	2600	2700	600	700			板$\delta8$	板$\delta4$	
GX120	3200	3320	740	860			板$\delta10$	板$\delta5$	
GX170	3700	3820	860	980	$\phi21$		板$\delta10$	板$\delta5$	
GX190	3900	4020	960	1080			板$\delta12$	板$\delta6$	

图号	GX-0-4	材料	
名称	风口	件数	2

(d)

型号	尺寸/mm			材料		
	A	B	C	α	β	
GX38	1752	396	400~500	板$\delta2.5$		
GX75	2650	621	600~700	板$\delta2.5$	板$\delta8$	
GX120	3348	802	800~900	板$\delta3$		
GX170	3948	952	1000~1100	板$\delta3$		
GX190	4244	1027	1100~1200	板$\delta4$		

图号	GX-0-2	材料	
名称	反射屏	件数	8

(c)

d孔与件1中的d_1孔配钻

型号	尺寸/mm						材料		
	M	M_1	N	N_1	F	d	α	β	γ
GX38	1956	1918	1960	1922	200	$\phi17$	板$\delta3$	角70×6	
GX75	2858	2820	2858	2820	200		板$\delta4$	角70×6	板$\delta6$
GX120	3580	3542	3556	3518	300		板$\delta4$	角75×6	
GX170	4180	4142	4156	4118	300	$\phi21$	板$\delta5$	角75×7	
GX190	4484	4446	4452	4414	400		板$\delta6$	角80×7	板$\delta8$

图号	GX-0-3	材料	
名称	灰斗	件数	2

图 8-8　惯性除尘器

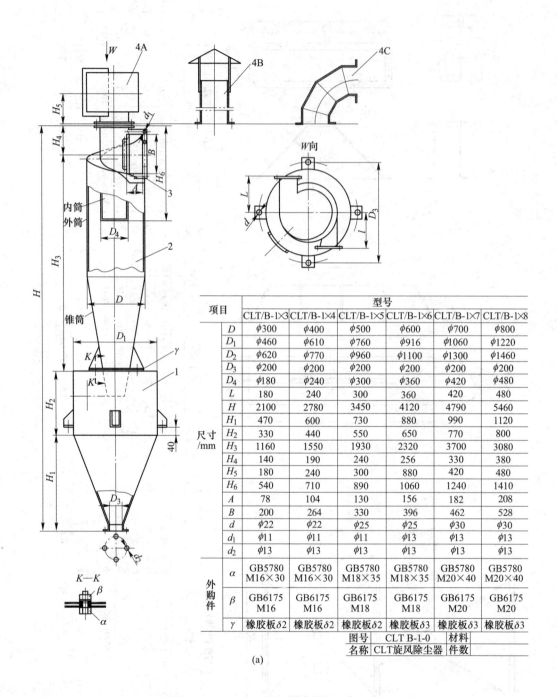

项目		型号					
		CLT/B-1×3	CLT/B-1×4	CLT/B-1×5	CLT/B-1×6	CLT/B-1×7	CLT/B-1×8
尺寸/mm	D	$\phi300$	$\phi400$	$\phi500$	$\phi600$	$\phi700$	$\phi800$
	D_1	$\phi460$	$\phi610$	$\phi760$	$\phi916$	$\phi1060$	$\phi1220$
	D_2	$\phi620$	$\phi770$	$\phi960$	$\phi1100$	$\phi1300$	$\phi1460$
	D_3	$\phi200$	$\phi200$	$\phi200$	$\phi200$	$\phi200$	$\phi200$
	D_4	$\phi180$	$\phi240$	$\phi300$	$\phi360$	$\phi420$	$\phi480$
	L	180	240	300	360	420	480
	H	2100	2780	3450	4120	4790	5460
	H_1	470	600	730	880	990	1120
	H_2	330	440	550	650	770	800
	H_3	1160	1550	1930	2320	3700	3080
	H_4	140	190	240	256	330	380
	H_5	180	240	300	880	420	480
	H_6	540	710	890	1060	1240	1410
	A	78	104	130	156	182	208
	B	200	264	330	396	462	528
	d	$\phi22$	$\phi22$	$\phi25$	$\phi25$	$\phi30$	$\phi30$
	d_1	$\phi11$	$\phi11$	$\phi11$	$\phi13$	$\phi13$	$\phi13$
	d_2	$\phi13$	$\phi13$	$\phi13$	$\phi13$	$\phi13$	$\phi13$
外购件	α	GB5780 M16×30	GB5780 M16×30	GB5780 M18×35	GB5780 M18×35	GB5780 M20×40	GB5780 M20×40
	β	GB6175 M16	GB6175 M16	GB6175 M18	GB6175 M18	GB6175 M20	GB6175 M20
	γ	橡胶板$\delta2$	橡胶板$\delta2$	橡胶板$\delta2$	橡胶板$\delta3$	橡胶板$\delta3$	橡胶板$\delta3$

图号	CLT B-1-0	材料	
名称	CLT旋风除尘器	件数	

(a)

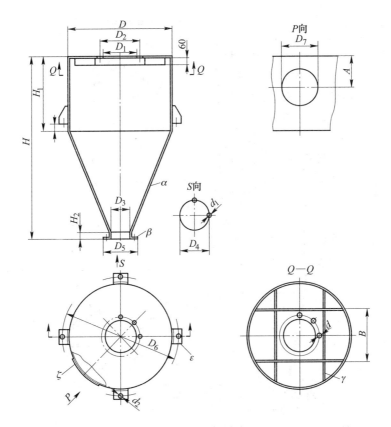

项目		型号					
		CLT/B-1×3	CLT/B-1×4	CLT/B-1×5	CLT/B-1×6	CLT/B-1×7	CLT/B-1×8
尺寸/mm	D	$\phi460$	$\phi610$	$\phi760$	$\phi910$	$\phi1060$	$\phi1220$
	D_1	$\phi120$	$\phi160$	$\phi200$	$\phi240$	$\phi280$	$\phi320$
	D_2	$\phi200$	$\phi250$	$\phi300$	$\phi350$	$\phi400$	$\phi450$
	D_3	$\phi200$	$\phi200$	$\phi200$	$\phi200$	$\phi200$	$\phi200$
	D_4	$\phi240$	$\phi240$	$\phi240$	$\phi240$	$\phi240$	$\phi240$
	D_5	$\phi280$	$\phi280$	$\phi280$	$\phi280$	$\phi280$	$\phi280$
	D_6	$\phi620$	$\phi770$	$\phi960$	$\phi1110$	$\phi1300$	$\phi1460$
	D_7	$\phi200$	$\phi200$	$\phi200$	$\phi200$	$\phi200$	$\phi200$
	H	800	1040	1280	1520	1760	2000
	H_1	330	440	550	660	770	880
	H_2	40	40	40	50	50	50
	A	160	220	270	300	380	440
	B	240	300	350	400	450	500
	d	4-$\phi17$	4-$\phi17$	4-$\phi19$	6-$\phi19$	6-$\phi21$	6-$\phi21$
	d_1	4-$\phi13$	4-$\phi13$	4-$\phi13$	4-$\phi13$	4-$\phi13$	4-$\phi13$
	d_2	$\phi25$	$\phi25$	$\phi25$	$\phi25$	$\phi30$	$\phi30$
材料	α	板$\delta3$	板$\delta3$	板$\delta4$	板$\delta4$	板$\delta5$	板$\delta5$
	β	板$\delta5$	板$\delta5$	板$\delta6$	板$\delta6$	板$\delta8$	板$\delta8$
	γ	板$\delta5$	板$\delta5$	板$\delta6$	板$\delta6$	板$\delta8$	板$\delta8$
通用装置	ε	通11/CJ80	通11/CJ80	通11/CJ100	通11/CJ100	通11/CJ120	通11/CJ120
	ζ	通1/SK150	通1/SK150	通1/SK200	通1/SK200	通1/SK300	通1/SK300

图号	CLT/B-0-1	材料	
名称	灰斗	件数	1

(b)

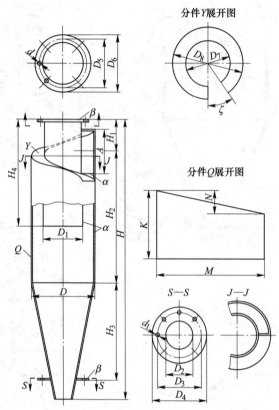

分件Y展开图

分件Q展开图

项目		型号					
		CLT/B-1×3	CLT/B-1×4	CLT/B-1×5	CLT/B-1×6	CLT/B-1×7	CLT/B-1×8
尺寸/mm	D	$\phi300$	$\phi400$	$\phi500$	$\phi600$	$\phi700$	$\phi800$
	D_1	$\phi180$	$\phi240$	$\phi300$	$\phi360$	$\phi420$	$\phi480$
	D_2	$\phi120$	$\phi160$	$\phi200$	$\phi240$	$\phi280$	$\phi320$
	D_3	$\phi200$	$\phi250$	$\phi300$	$\phi350$	$\phi400$	$\phi450$
	D_4	$\phi260$	$\phi310$	$\phi360$	$\phi420$	$\phi470$	$\phi520$
	D_5	$\phi220$	$\phi280$	$\phi340$	$\phi410$	$\phi470$	$\phi530$
	D_6	$\phi260$	$\phi320$	$\phi380$	$\phi460$	$\phi520$	$\phi580$
	D_7	$\phi324$	$\phi432$	$\phi540$	$\phi648$	$\phi756$	$\phi864$
	D_8	$\phi204$	$\phi272$	$\phi340$	$\phi408$	$\phi476$	$\phi544$
	ζ	16.9°	16.5°	16.5°	16.5°	16.7°	16.7°
	H	1400	1870	2330	2790	3250	3710
	H_1	140	190	240	280	330	380
	H_2	700	930	1160	1390	1620	1850
	H_3	460	620	770	930	1080	1230
	H_4	540	710	890	1060	1240	1410
	A	200	264	330	396	462	528
	d	4-$\phi13$	6-$\phi13$	8-$\phi13$	8-$\phi13$	10-$\phi13$	12-$\phi13$
	d_1	4-$\phi17$	4-$\phi17$	4-$\phi19$	6-$\phi19$	6-$\phi21$	6-$\phi21$
	K	942	1256	1570	1884	2199	2513
	M	800	1062	1325	1588	1851	2114
	N	234	310	387	465	542	620
材料	α	板$\delta3$	板$\delta3$	板$\delta4$	板$\delta4$	板$\delta5$	板$\delta5$
	β	板$\delta5$	板$\delta5$	板$\delta6$	板$\delta6$	板$\delta8$	板$\delta8$

图号	CLT/B-1-0-2	材料	
名称	旋风筒	件数	1

(c)

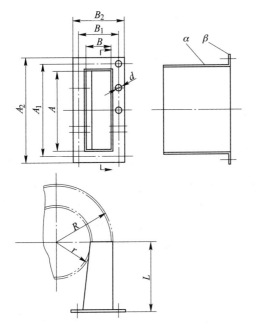

型号	尺寸/mm						
	R	r	L	A	A_1	A_2	B
CLT/B-1×3	150	90	180	200	2×120	280	76
CLT/B-1×4	200	120	240	264	3×101.3	344	104
CLT/B-1×5	250	150	300	330	3×125.3	410	130
CLT/B-1×6	300	180	360	396	4×111.5	496	156
CLT/B-1×7	350	210	420	462	4×128	562	182
CLT/B-1×8	400	240	480	528	5×115.6	628	208

型号	尺寸/mm			材料	
	B_1	B_2	d	α	β
CLT/B-1×3	116	156	$\phi11$	板δ3	板δ5
CLT/B-1×4	2×72	184	$\phi11$	板δ3	板δ5
CLT/B-1×5	2×85	210	$\phi11$	板δ4	板δ6
CLT/B-1×6	2×103	256	$\phi13$	板δ4	板δ6
CLT/B-1×7	2×116	282	$\phi13$	板δ5	板δ8
CLT/B-1×8	3×86	308	$\phi13$	板δ5	板δ8

图号	CLT/B-1-0-3	材料	
名称	风口	件数	1

(d)

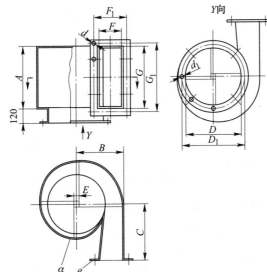

	焊合	
型号	材料	
	α	β
CLT/B-1×3	板δ3	板δ5
CLT/B-1×4	板δ3	板δ5
CLT/B-1×5	板δ3	板δ6
CLT/B-1×6	板δ3	板δ6
CLT/B-1×7	板δ4	板δ8
CLT/B-1×8	板δ4	板δ8

型号	尺寸/mm											
	A	B	C	E	F	F_1	G	G_1	d	D	D_1	$n\text{-}d_1$
CLT/B-1×3	206	150	180	15	78	118	200	2×120	$\phi11$	$\phi174$	$\phi220$	4-$\phi13$
CLT/B-1×4	230	200	240	20	104	2×72	264	3×101.3	$\phi11$	$\phi234$	$\phi280$	6-$\phi13$
CLT/B-1×5	336	250	300	25	130	2×85	330	3×125.3	$\phi11$	$\phi294$	$\phi340$	8-$\phi13$
CLT/B-1×6	402	300	360	30	156	2×103	396	4×111.5	$\phi13$	$\phi354$	$\phi410$	8-$\phi13$
CLT/B-1×7	470	350	420	35	182	2×116	462	4×128	$\phi13$	$\phi412$	$\phi470$	10-$\phi13$
CLT/B-1×8	536	400	480	40	208	3×86	528	5×115.6	$\phi13$	$\phi472$	$\phi530$	12-$\phi13$

图号	CLT/B-1-0-4A	材料	
名称	集风帽	件数	1

(e)

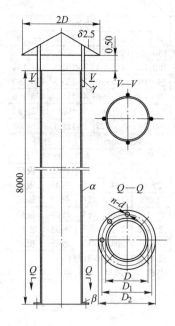

型号	尺寸/mm				材料			焊合
	D	D_1	D_2	n-d	α	β	γ	
CLT/B-1×3	$\phi174$	$\phi220$	$\phi260$	4-$\phi13$	板$\delta3$	板$\delta5$	圆$\phi16$	
CLT/B-1×4	$\phi234$	$\phi280$	$\phi320$	6-$\phi13$	板$\delta3$	板$\delta5$	圆$\phi16$	
CLT/B-1×5	$\phi294$	$\phi340$	$\phi380$	8-$\phi13$	板$\delta3$	板$\delta6$	圆$\phi18$	
CLT/B-1×6	$\phi354$	$\phi410$	$\phi460$	8-$\phi13$	板$\delta3$	板$\delta6$	圆$\phi18$	
CLT/B-1×7	$\phi412$	$\phi470$	$\phi520$	10-$\phi13$	板$\delta4$	板$\delta8$	圆$\phi20$	
CLT/B-1×8	$\phi472$	$\phi530$	$\phi580$	12-$\phi13$	板$\delta4$	板$\delta8$	圆$\phi20$	

图号	CLT/B-1-1-4B	材料	
名称	排风管	件数	1

(f)

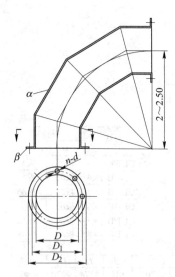

型号	尺寸/mm				材料		焊合
	D	D_1	D_2	n-d	α	β	
CLT/B-1×3	$\phi174$	$\phi220$	$\phi262$	4-$\phi13$	板$\delta3$	板$\delta5$	
CLT/B-1×4	$\phi235$	$\phi280$	$\phi328$	6-$\phi13$	板$\delta3$	板$\delta5$	
CLT/B-1×5	$\phi294$	$\phi340$	$\phi381$	8-$\phi13$	板$\delta3$	板$\delta6$	
CLT/B-1×6	$\phi354$	$\phi410$	$\phi465$	8-$\phi13$	板$\delta3$	板$\delta6$	
CLT/B-1×7	$\phi412$	$\phi470$	$\phi520$	11-$\phi13$	板$\delta4$	板$\delta8$	
CLT/B-1×8	$\phi472$	$\phi530$	$\phi580$	12-$\phi13$	板$\delta4$	板$\delta8$	

图号	CLT/B-1-1-4C	材料	
名称	弯管	件数	1

(g)

图 8-9　CLT/B1 旋风除尘器

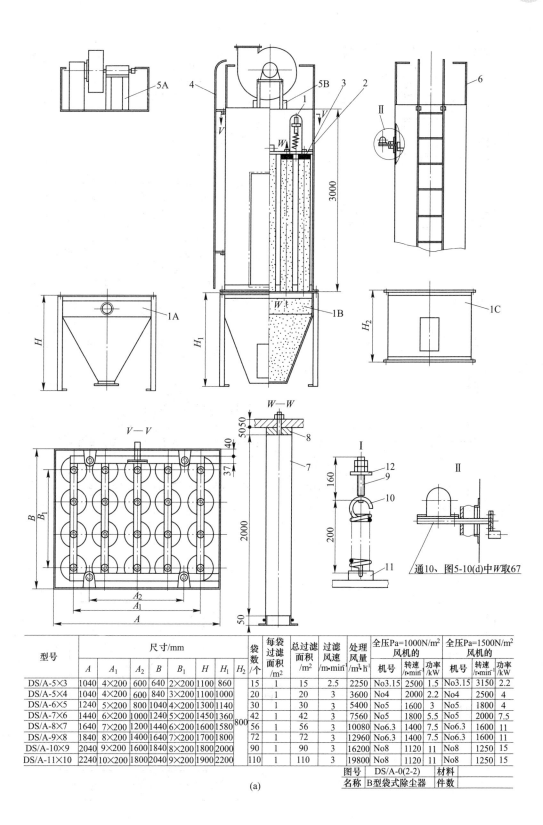

型号	尺寸/mm								袋数/个	每袋过滤面积/m²	总过滤面积/m²	过滤风速/m·min⁻¹	处理风量/m³·h⁻¹	全压Pa=1000N/m²风机的			全压Pa=1500N/m²风机的		
	A	A_1	A_2	B	B_1	H	H_1	H_2						机号	转速/r·min⁻¹	功率/kW	机号	转速/r·min⁻¹	功率/kW
DS/A-5×3	1040	4×200	600	640	2×200	1100	860		15	1	15	2.5	2250	No3.15	2500	1.5	No3.15	3150	2.2
DS/A-5×4	1040	4×200	600	840	3×200	1100	1000		20	1	20	3	3600	No4	2000	2.2	No4	2500	4
DS/A-6×5	1240	5×200	800	1040	4×200	1300	1140		30	1	30	3	5400	No5	1600	3	No5	1800	4
DS/A-7×6	1440	6×200	1000	1240	5×200	1450	1360		42	1	42	3	7560	No5	1800	5.5	No5	2000	7.5
DS/A-8×7	1640	7×200	1200	1440	6×200	1600	1580	800	56	1	56	3	10080	No6.3	1400	7.5	No6.3	1600	11
DS/A-9×8	1840	8×200	1400	1640	7×200	1700	1800		72	1	72	3	12960	No6.3	1400	7.5	No6.3	1600	11
DS/A-10×9	2040	9×200	1600	1840	8×200	1800	2000		90	1	90	3	16200	No8	1120	15	No8	1250	15
DS/A-11×10	2240	10×200	1800	2040	9×200	1900	2200		110	1	110	3	19800	No8	1120	11	No8	1250	15

图号	DS/A-0(2-2)	材料	
名称	B型袋式除尘器	件数	

(a)

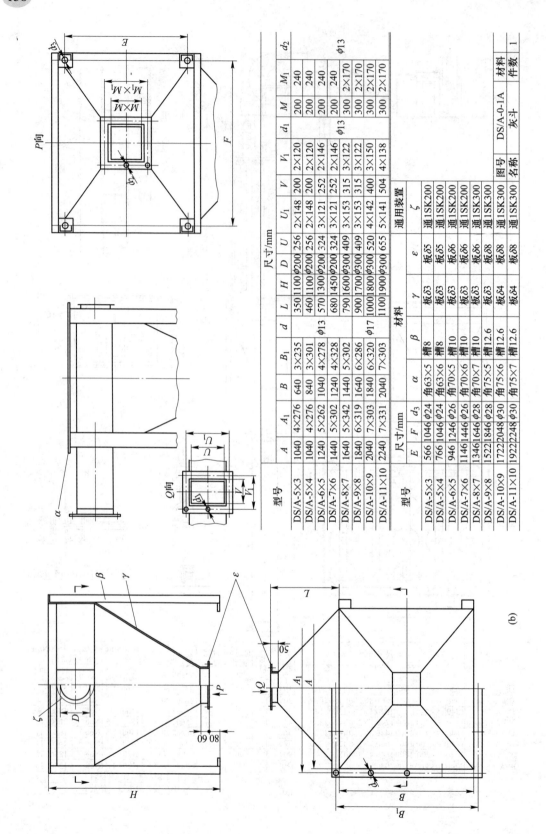

型号	A	A_1	B	B_1	d	L	H	D	U	U_1	V	V_1	d_1	M	M_1	d_2
DS/A-5×3	1040	4×276	640	3×235		350	1100	φ200	256	2×148	200	2×120		200	240	
DS/A-5×4	1040	4×276	840	3×301		460	1100	φ200	256	2×148	200	2×120		200	240	
DS/A-6×5	1240	5×262	1040	4×278	φ13	570	1300	φ200	324	3×121	252	2×146		200	240	φ13
DS/A-7×6	1440	5×302	1240	4×328		680	1450	φ200	324	3×121	252	2×146	φ13	200	240	
DS/A-8×7	1640	5×342	1440	5×302		790	1600	φ300	409	3×153	315	3×122		300	2×170	
DS/A-9×8	1840	6×319	1640	5×286		900	1700	φ300	409	3×153	315	3×122		300	2×170	
DS/A-10×9	2040	7×303	1840	6×320		1000	1800	φ300	520	4×142	400	3×150		300	2×170	
DS/A-11×10	2240	7×331	2040	7×303	φ17	1100	1900	φ300	655	5×141	504	4×138		300	2×170	

尺寸/mm

型号	E	F	d_3	α	β	γ	ε	ζ
DS/A-5×3	566	1046	φ24	角63×5	槽8	板δ3	板δ5	通1SK200
DS/A-5×4	766	1046	φ24	角63×6	槽8	板δ3	板δ5	通1SK200
DS/A-6×5	946	1246	φ26	角70×5	槽10	板δ3	板δ6	通1SK200
DS/A-7×6	1146	1446	φ26	角70×6	槽10	板δ3	板δ6	通1SK200
DS/A-8×7	1346	1646	φ28	角70×7	槽10	板δ3	板δ6	通1SK300
DS/A-9×8	1522	1846	φ28	角75×5	槽12.6	板δ3	板δ8	通1SK300
DS/A-10×9	1722	2048	φ30	角75×6	槽12.6	板δ4	板δ8	通1SK300
DS/A-11×10	1922	2248	φ30	角75×7	槽12.6	板δ4	板δ8	通1SK300

尺寸/mm   材料   通用装置

图号	DS/A-0-1A	材料	1
名称	灰斗	件数	

(b)

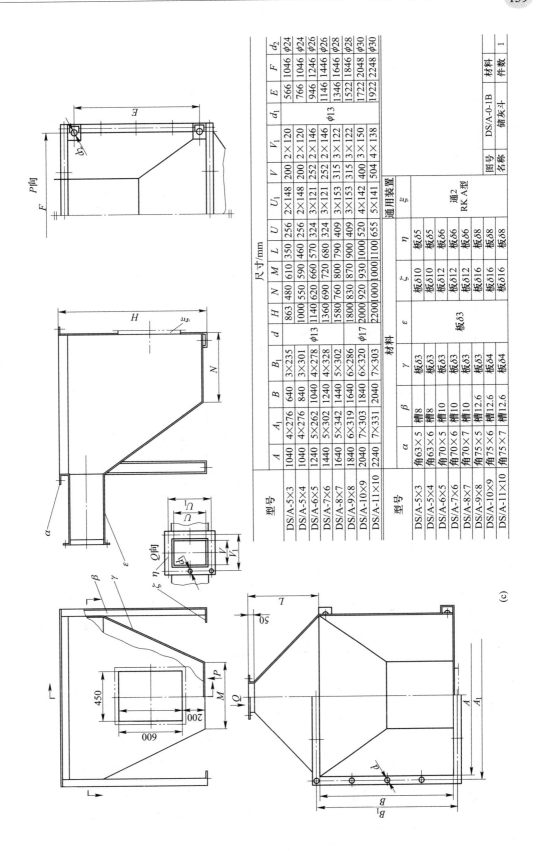

型号	尺寸/mm																		
	A	A_1	B	B_1	d	H	N	M	L	U	U_1	V	V_1	d_1	E	F	d_2	
DS/A-5×3	1040	4×276	640	3×235	φ13	863	480	610	350	256	2×148	200	2×120	φ13	566	1046	φ24	
DS/A-5×4	1040	4×276	840	3×301		1000	550	590	460	256	2×148	200	2×120		766	1046	φ24	
DS/A-6×5	1240	5×262	1040	4×278		1140	620	660	570	324	3×121	252	2×146		946	1246	φ26	
DS/A-7×6	1440	5×302	1240	4×328		1360	690	720	680	324	3×121	252	2×146		1146	1446	φ26	
DS/A-8×7	1640	5×342	1440	5×302	φ17	1580	760	800	790	409	3×153	315	3×122		1346	1646	φ28	
DS/A-9×8	1840	6×319	1640	6×286		1800	830	870	900	409	3×153	315	3×122		1522	1846	φ28	
DS/A-10×9	2040	7×303	1840	6×320		2000	920	930	1000	520	4×142	400	3×150		1722	2048	φ30	
DS/A-11×10	2240	7×331	2040	7×303		2200	1000	1000	1100	655	5×141	504	4×138		1922	2248	φ30	

型号	材料						通用装置			
	α	β	γ	ε	ζ	η	ξ			
DS/A-5×3	角63×5	槽8	板δ3	板δ3	板δ10	板δ5	通2 RK A型			
DS/A-5×4	角63×6	槽8	板δ3		板δ10	板δ5				
DS/A-6×5	角70×5	槽10	板δ3		板δ12	板δ6				
DS/A-7×6	角70×6	槽10	板δ3		板δ12	板δ6				
DS/A-8×7	角70×7	槽10	板δ3		板δ16	板δ6				
DS/A-9×8	角75×5	槽12.6	板δ3		板δ16	板δ8				
DS/A-10×9	角75×6	槽12.6	板δ4		板δ16	板δ8				
DS/A-11×10	角75×7	槽12.6	板δ4		板δ16	板δ8				

图号	DS/A-0-1B	材料	
名称	储灰斗	件数	1

(c)

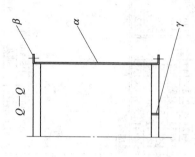

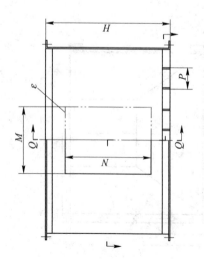

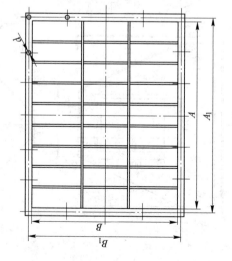

型号	尺寸/mm									材料			通用装置
	A	A₁	B	B₁	d	H	M	N	P	α	β	γ	ε
DS/A-5×3	1040	4×276	640	3×235	φ13	800	450	600	100~140	板δ3	角63×5	扁60×4	通2 RK A型
DS/A-5×4	1040	4×276	840	3×301						板δ3	角63×6	扁60×4	
DS/A-6×5	1240	5×262	1040	4×278						板δ3	角70×5	扁60×5	
DS/A-7×6	1440	5×302	1240	4×328						板δ3	角70×6	扁60×5	
DS/A-8×7	1640	5×342	1440	5×302						板δ3	角70×7	扁60×5	
DS/A-9×8	1840	6×319	1640	6×286	φ17					板δ3	角75×5	扁60×6	
DS/A-10×9	2040	7×305	1840	6×320						板δ4	角75×6	扁60×6	
DS/A-11×10	2240	7×331	2040	7×303						板δ4	角75×7	扁60×6	

图号	DS/A-0-1C	材料	
名称	地笼	件数	1

(d)

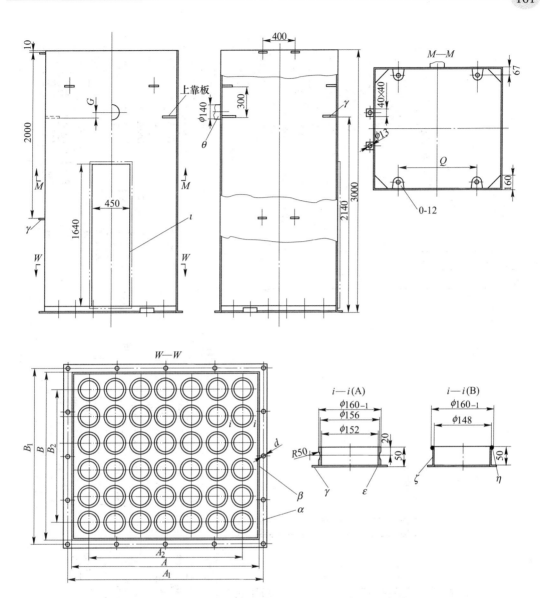

型号	尺寸/mm									材料						通用装置	
	A_2	A	A_1	B_2	B	B_1	G	d	Q	α	β	γ	ε	ζ	η	θ	ι
DS/A-5×3	4×200=800	$1040^{+1.5}_{+1}$	4×276=1104	2×200=400	$640^{+1.5}_{+1}$	3×235=705	90		600	角63×5	板δ3	板δ4					
DS/A-5×4	4×200=800	$1040^{+1.5}_{+1}$	4×276=1104	3×200=600	$840^{+1.5}_{+1}$	3×301=903	90		600	角63×5	板δ3	板δ4				通10 ZD1B	
DS/A-6×5	5×200=1000	$1240^{+1.5}_{+1}$	5×262=1310	4×200=800	$1040^{+1.5}_{+1}$	4×278=1112	90	$\phi13$	800	角70×5	板δ3	板δ5					
DS/A-7×6	6×200=1200	$1440^{+1.5}_{+1}$	5×302=1510	5×200=1000	$1240^{+1.5}_{+1}$	4×328=1312	90		1000	角70×6	板δ3	板δ5	扁 50×4	板 δ2	铁丝 $\phi4$		通4 GM
DS/A-8×7	7×200=1400	$1640^{+1.5}_{+1}$	5×342=1710	6×200=1200	$1440^{+1.5}_{+1}$	5×302=1510	100		1200	角70×7	板δ3	板δ5					
DS/A-9×8	8×200=1600	$1840^{+1.5}_{+1}$	6×319=1914	7×200=1400	$1640^{+1.5}_{+1}$	6×286=1716	100		1400	角75×5	板δ3	板δ6				通10 ZD2B	
DS/A-10×9	9×200=1800	$2040^{+1.5}_{+1}$	7×303=2121	8×200=1600	$1840^{+1.5}_{+1}$	6×320=1920	100	$\phi17$	1600	角75×5	板δ4	板δ6					
DS/A-11×10	10×200=2000	$2240^{+1.5}_{+1}$	7×331=2317	9×200=1800	$2040^{+1.5}_{+1}$	7×303=2121	100		1800	角75×7	板δ4	板δ6					

图号	DS/A-0-2	材料	
名称	箱体	件数	1

(e)

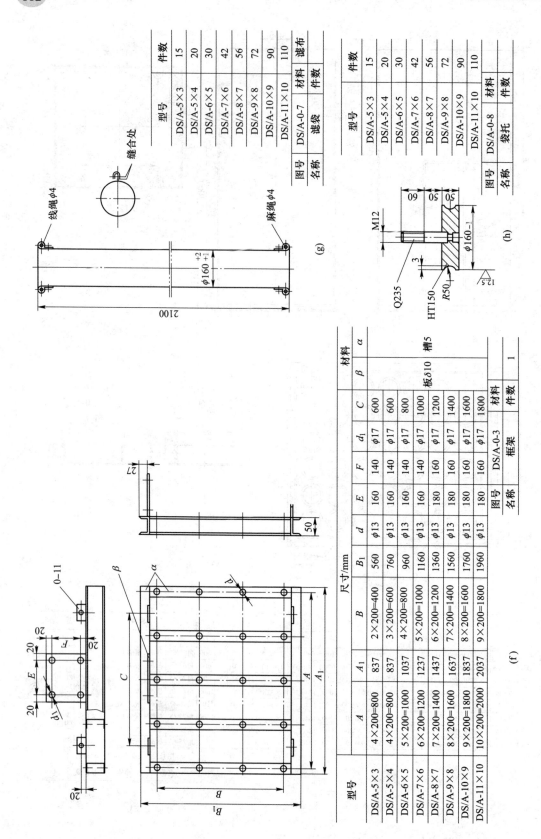

(g)

型号	件数
DS/A-5×3	15
DS/A-5×4	20
DS/A-6×5	30
DS/A-7×6	42
DS/A-8×7	56
DS/A-9×8	72
DS/A-10×9	90
DS/A-11×10	110
材料	件数（滤布）
图号 DS/A-0-7	
名称 滤袋	

(h)

型号	件数
DS/A-5×3	15
DS/A-5×4	20
DS/A-6×5	30
DS/A-7×6	42
DS/A-8×7	56
DS/A-9×8	72
DS/A-10×9	90
DS/A-11×10	110
材料	件数（袋托）
图号 DS/A-0-8	
名称 袋托	

(f)

型号	A	A₁	B	B₁	d	E	F	d₁	C	β	α
			尺寸/mm							材料	
DS/A-5×3	4×200=800	837	2×200=400	560	φ13	160	140	φ17	600	板δ10	槽5
DS/A-5×4	4×200=800	837	3×200=600	760	φ13	160	140	φ17	600		
DS/A-6×5	5×200=1000	1037	4×200=800	960	φ13	160	140	φ17	800		
DS/A-7×6	6×200=1200	1237	5×200=1000	1160	φ13	160	140	φ17	1000		
DS/A-8×7	7×200=1400	1437	6×200=1200	1360	φ13	180	160	φ17	1200		
DS/A-9×8	8×200=1600	1637	7×200=1400	1560	φ13	180	160	φ17	1400		
DS/A-10×9	9×200=1800	1837	8×200=1600	1760	φ13	180	160	φ17	1600		
DS/A-11×10	10×200=2000	2037	9×200=1800	1960	φ13	180	160	φ17	1800		
图号 DS/A-0-3										材料	件数
名称 框架											1

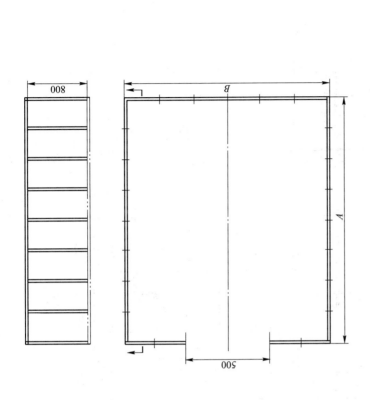

型号		DS/A-5×3	DS/A-5×4	DS/A-6×5	DS/A-7×6	DS/A-8×7	DS/A-9×8	DS/A-10×9	DS/A-11×10
尺寸/mm	A	1040-1	1040-1	1240-1	1440-1	1640-1	1840-1	2040-1	2240-1
	B	640-1	840-1	1040-1	1240-1	1440-1	1640-1	1840-1	2040-1

图号	DS/A-0-6	材料	φ20-GB 3092-82
名称	栏杆	件数	1

(j) 钢管 φ20-GB 3092-82 外径26.8

图号	DS/A-0-4	材料	φ20-GB 3092-82
名称	竖梯	件数	1

(i)

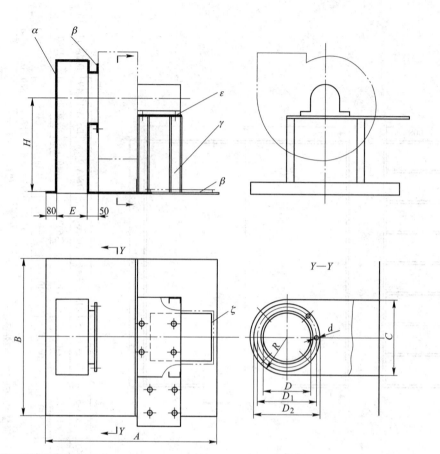

型号	所配风机的机号	尺寸/mm								
		A	B	D	D_1	D_2	n-d	H	C	E
DS/A-5×3	Cb-48No3.15C	1040^0_{-1}	640_{-1}	$\phi250$	$\phi280$	$\phi310$			320	200
DS/A-5×4	Cb-48No4C	1040^0_{-1}	840_{-1}	$\phi315$	$\phi355$	$\phi385$	8-$\phi11$		400	250
DS/A-6×5	Cb-48No5C	1240^0_{-1}	1040_{-1}	$\phi400$	$\phi450$	$\phi490$		800	500	300
DS/A-7×6	Cb-48No5C	1440^0_{-1}	1240_{-1}	$\phi400$	$\phi450$	$\phi490$			500	300
DS/A-8×7	Cb-48No6.3C	1640^0_{-1}	1440_{-1}	$\phi500$	$\phi560$	$\phi610$	12-$\phi13$		600	400
DS/A-9×8	Cb-48No6.3C	1840^0_{-1}	1640_{-1}	$\phi500$	$\phi560$	$\phi610$			600	400

型号	材料				通用装置
	α	β	γ	ε	ζ
DS/A-5×3	板δ2.5	板δ5	槽6.3	板δ6	
DS/A-5×4	板δ2.5	板δ5	槽6.3	板δ6	
DS/A-6×5	板δ3	板δ5	槽6.3	板δ6	通2DMA
DS/A-7×6	板δ3	板δ6	槽8	板δ8	
DS/A-8×7	板δ3	板δ6	槽8	板δ8	
DS/A-9×8	板δ3	板δ6	槽8	板δ8	

图号	DS/A-0-5A	材料	
名称	小风机座	件数	1

(k)

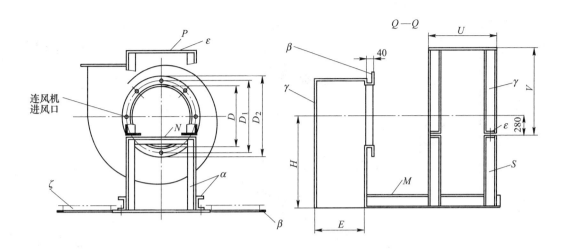

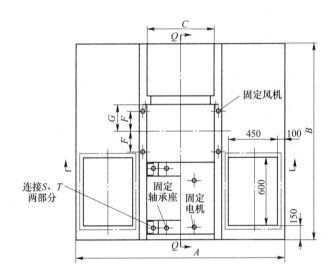

注:M面固定风机;N面固定风机的轴承座;
P面固定与风机相配的电机。

型号	所配风机的机号	尺寸/mm								
		A	B	D	D_1	D_2	$n\text{-}d$	H	C	E
DS/A-10×9	C6-48No8C	2040_{-1}^{0}	1840_{-1}^{0}	$\phi630$	$\phi690$	$\phi740$	$12-\phi13$	806	690	480
DS/A-11×10	C6-48No8C	2240_{-1}^{0}	2040_{-1}^{0}	$\phi630$	$\phi690$	$\phi740$	$12-\phi13$	806	690	480

型号	尺寸/mm				材料				通用装置
	G	F	U	V	α	β	γ	ε	ζ
DS/A-10×9	236	240	646	660	槽12.6	板$\delta6$	板$\delta3$	板$\delta8$	通2.DMA
DS/A-11×10	236	240	646	660	槽12.6	板$\delta6$	板$\delta3$	板$\delta8$	通2.DMA

	图号	DS/A-0-5B	材料	
(1)	名称	大风机座	件数	1

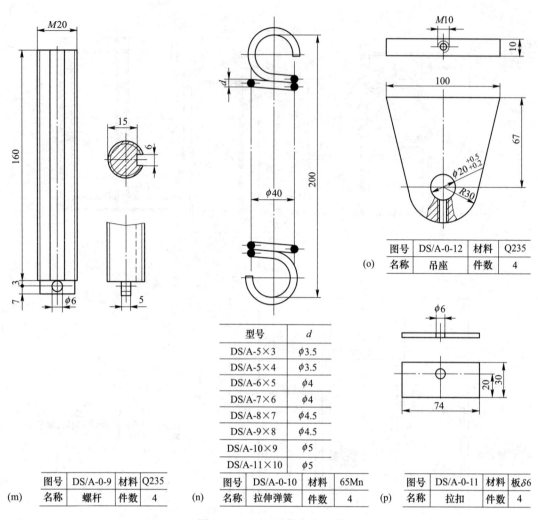

图号	DS/A-0-12	材料	Q235
名称	吊座	件数	4

(o)

型号	d
DS/A-5×3	$\phi3.5$
DS/A-5×4	$\phi3.5$
DS/A-6×5	$\phi4$
DS/A-7×6	$\phi4$
DS/A-8×7	$\phi4.5$
DS/A-9×8	$\phi4.5$
DS/A-10×9	$\phi5$
DS/A-11×10	$\phi5$

图号	DS/A-0-9	材料	Q235
名称	螺杆	件数	4

(m)

图号	DS/A-0-10	材料	65Mn
名称	拉伸弹簧	件数	4

(n)

图号	DS/A-0-11	材料	板δ6
名称	拉扣	件数	4

(p)

图 8-10   DS/A 型袋式除尘器

1C 是地笼，装在大型料库上面的除尘器，收集下来的粉尘落入料库内，没有必要装设灰斗。装设地笼是供操作人员进去检查除尘器，如果没有必要在下部检查除尘器，可以不用地笼。出风口也可设在除尘器中部。

8.3.3.5 湿式除尘器

湿式除尘器也称洗涤器，它是利用液体来净化气体的装置。湿式除尘的机理可概括为两个方面：一是尘粒与水接触时直接被水捕获；二是尘粒在水的作用下凝聚性增加。这两种作用而使粉尘从空气中分离出来。图 8-11 所示为 SS/A 型湿式除尘器，图 8-11（a）是其装配图，图 8-11（b）~（i）是其零件图。SS/A 型除尘器有四种工作情况，即：（1）正压操作，把含尘气体打入内室，潜行至外室排出；（2）正压操作，把含尘气体打入外室，潜行至内室排出；（3）负压操作，对内室抽风，含尘气体进入外室，潜行至内室排出；（4）负压操作，对外室抽风，含尘气体进入内室，潜行至外室排出。

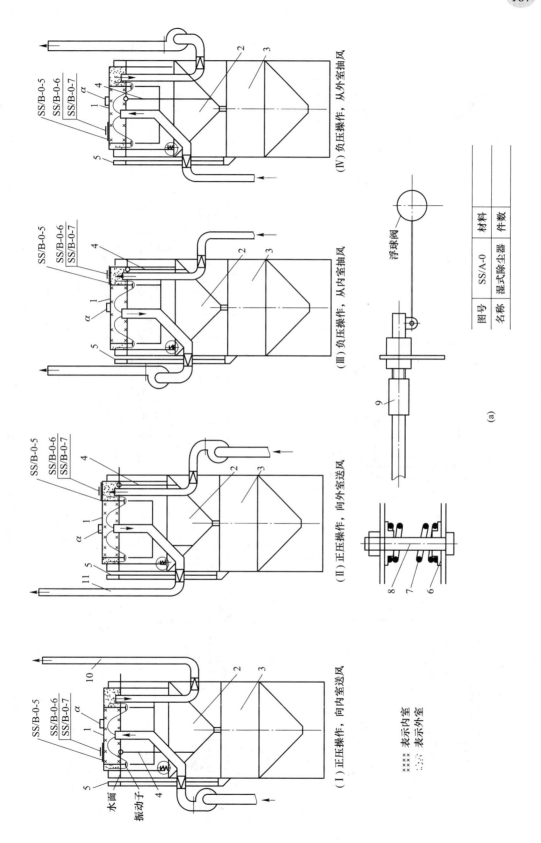

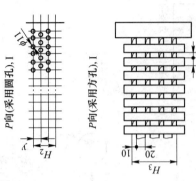

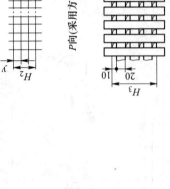

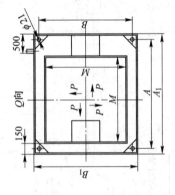

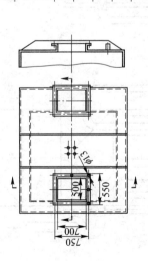

型号	尺寸/mm										材料		
	M	A	A_1	B	B_1	H	H_1	H_2	H_3	α	β	γ
SS/A-40	1300	1878	1966	1528	1616	1470	600	70	35		板$\delta4$	板$\delta8$
SS/A-60	1500	2078	2166	1728	1816	1600	700	100	33		板$\delta4$	板$\delta8$
SS/A-90	2000	2580	2670	2230	2320	1730	800	130	32.5	板$\delta8$	板$\delta5$	板$\delta10$
SS/A-150	3000	3580	3670	3230	3320	1860	900	160	32		板$\delta5$	板$\delta10$
SS/A-250	3500	4082	4174	3732	3824	1990	1000	190	31.6		板$\delta6$	板$\delta12$

气体通过的孔洞，可采用圆孔，也可以采用方孔。

图号	SS/A-0-1	材料	
名称	集气箱	件数	1

(b)

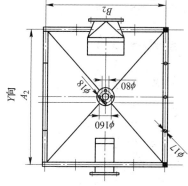

尺寸/mm

型号	A	A_1	A_2	B	B_1	B_2	E	H	H_1	d	β	γ	α
SS/A-40	1878	2266	6×385.6=2314	1528	1828	5×375.2=1876	950	2720	1360	8-φ13	板δ4	板δ8	槽8
SS/A-60	2078	2466	6×419=2514	1728	2028	5×415.2=2076	1050	2850	1390	8-φ13	板δ4	板δ8	槽8
SS/A-90	2580	2970	7×432=3024	2230	2530	7×369.1=2584	1300	3080	1420	12-φ13	板δ4	板δ10	槽10
SS/A-150	3580	3970	10×402.4=4024	3230	3530	9×398.2=3584	1800	3610	1450	12-φ13	板δ5	板δ10	槽10
SS/A-250	4082	4374	11×402.4=4428	3732	4032	10×409=4090	2050	3890	1480	16-φ17	板δ6	板δ12	槽12.6

材料

尺寸/mm

型号	H_2	G	F	D	D_1	U	V
SS/A-40	1100	260	300	φ295	φ380	260	260
SS/A-60	1200	320	360	φ360	φ440	320	320
SS/A-90	1400	410	460	φ460	φ560	300	560
SS/A-150	1900	520	570	φ590	φ690	300	900
SS/A-250	2150	660	720	φ750	φ810	360	1200

图号	SS/A-0-2
名称	水箱
材料	
件数	1

(c)

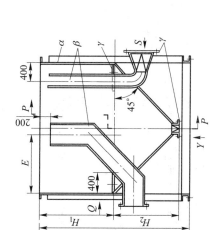

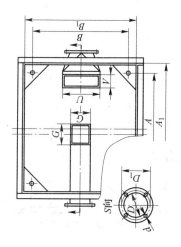

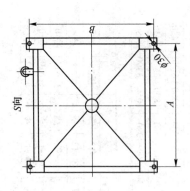

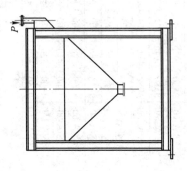

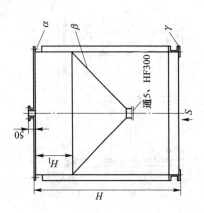

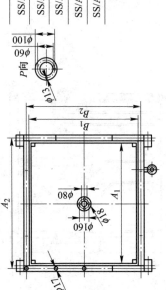

型号	尺寸/mm								材料		
	A	A₁	A₂	B	B₁	B₂	H	H₁	α	β	γ
SS/A-40	2340	2266	6×385.6=2314	1900	1828	5×375.2=1876	2400	800	槽8	板δ4	板δ8
SS/A-60	2540	2466	6×419=2514	2106	2028	5×415.2=2076	2600	900	槽8	板δ4	板δ8
SS/A-90	3050	2970	7×432=3024	2613	2530	7×369.1=2584	3000	1000	槽10	板δ5	板δ10
SS/A-150	4050	3970	10×402.4=4024	3613	3530	9×398.2=3584	3500	1200	槽10	板δ5	板δ10
SS/A-250	4460	4374	11×402.4=4428	4120	4032	10×409=4090	4000	1400	槽12.6	板δ6	板δ12

图号	SS/A-0-3	材料	
名称	沉淀斗	件数	1

(d)

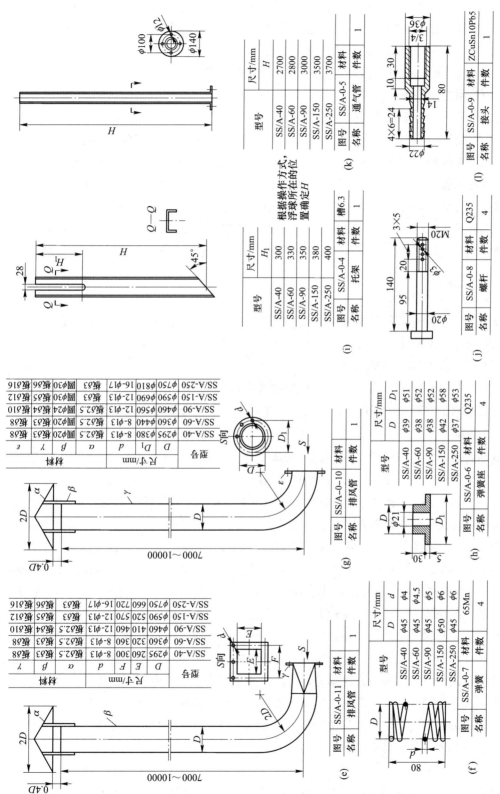

图 8-11 SS/A 型湿式除尘器

图 8-11 (a) 中 SS/A 型除尘器最下部是沉淀斗 3，沉淀斗上部安装水箱 2，沉淀斗与水箱之间用阀门连成一体。在水箱内通过弹簧座 6、弹簧 7、螺杆 8 安装集气箱 1。集气箱内外室之间的水下部分钻成圆孔或焊接成栅格。

除尘器工作时，打开沉淀斗与水箱之间的闸阀注水，水位取决于所要求的除尘效率，一般在内外室之间最上排孔眼以上 100~250mm 处。

在集气箱内装有振动子。所谓振动子就是在气体潜行的附近与水面平行的条状钢板、振动器引振集气箱，振动子上下方向振动，使水激烈涌动，使含尘气体充分细化。

吸附下来的粉尘沉积到水箱下部、从闸阀落入沉淀斗内。排出粉尘泥浆时，关闭闸阀，通过通气管，在大气压力的作用下排出。湿式除尘器应保持一定的水位，除尘器在工作时部分水雾被气体带走应及时补充，最简单的补充办法是装设浮球阀。除尘器工作时有的部分水面升高，有的部分水面降低，浮球阀应安装在水面降低的部位，用橡胶或塑料管向浮球阀供水。浮球阀由图 8-11 (a) 中托架 4 支承，孔盖窥镜、压圈借用 SS/B 型湿式除尘器的零件。

8.3.3.6　静电除尘器

静电除尘器是利用高压电场产生的静电力使粉尘从气流中分离出来的除尘设备。由于粉尘从气流中分离的能量直接供给粉尘，所以电除尘器比其他类型的除尘器消耗的能量小，压力损失仅为 200~500Pa。

图 8-12~图 8-16 所示为 DWB (1) 型卧式板极静电除尘器的图纸资料。图 8-12 所示为其总装配图，共有 4 个部件，以下对每一个部件的结构分别作以说明。

A　电场

电场的部件如图 8-13 所示，该部件所属零件如图 8-13 (c)~(m) 所示。为了使各零件的安装位置更直观，图 8-13 (b) 是其轴测图。

如图 8-13 (a) 所示中格架 1 是电场内一个中心零件，其他零件都围绕着它进行安装。集尘极板 2 直接安装在格架上，在集尘极板之间安装有一排芒刺。为了使芒刺与集尘极板之间绝缘，需安装绝缘棒 4，绝缘棒下端通过下螺母 3 安装在格架上，上端通过上螺母 5 安装吊攀 6。两架吊攀之间有横连杆 7 相连，横连杆处在集尘极板之间，在横连杆上悬挂芒刺 8，芒刺下端用连板 9 相连成串，在每一串的两端用纵连杆 11 连成一体。芒刺细长，刚度很差，振动清灰时摆动幅度较大，为了防止摆动，加装防摆条 10。

静电除尘器除了电晕极以外，集尘极板与外壳、灰斗、风箱连成一体，这些部分都是正极。在设计静电除尘器时，电晕极与集尘极板之间的距离也就是异性极间距，是根据除尘的需要选定的。电晕极与其他部分之间的距离不得小于异性极间距，电晕极与其他部分之间的距离接近于异性极间距时，也会出现电晕放电，使粉尘带电进行除尘。

芒刺中的圆钢上下加工成尖角是为了对上部的外壳、对下部的灰斗进行放电，使粉尘带电增大除尘的范围，有效利用除尘器空间。

B　外壳

外壳的部件如图 8-14 所示。图 8-14 (b)~(f) 为该部件所属零件图。如图 8-14 (a)

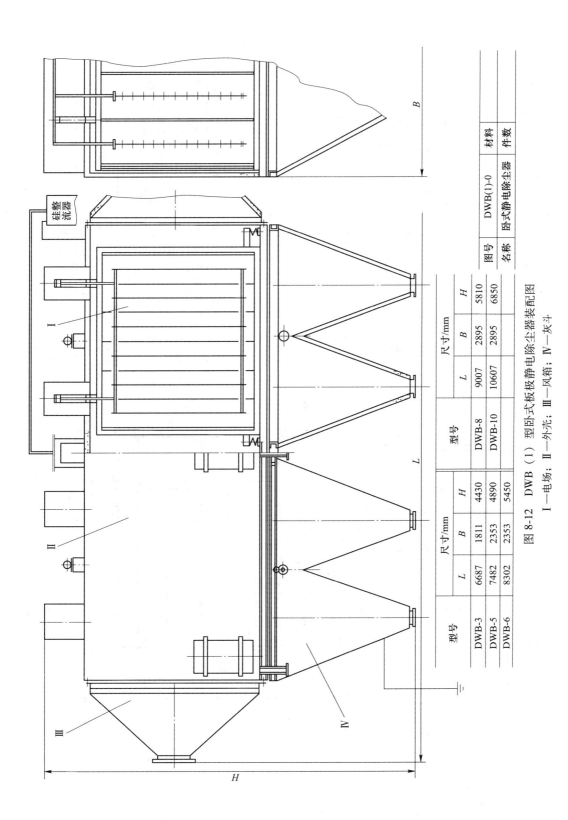

型号	尺寸/mm		
	L	B	H
DWB-3	6687	1811	4430
DWB-5	7482	2353	4890
DWB-6	8302	2353	5450

型号	尺寸/mm		
	L	B	H
DWB-8	9007	2895	5810
DWB-10	10607	2895	6850

图号	DWB(1)-0	材料
名称	卧式静电除尘器	件数

图 8-12　DWB（1）型卧式板板静电除尘器装配图
Ⅰ—电场；Ⅱ—外壳；Ⅲ—风箱；Ⅳ—灰斗

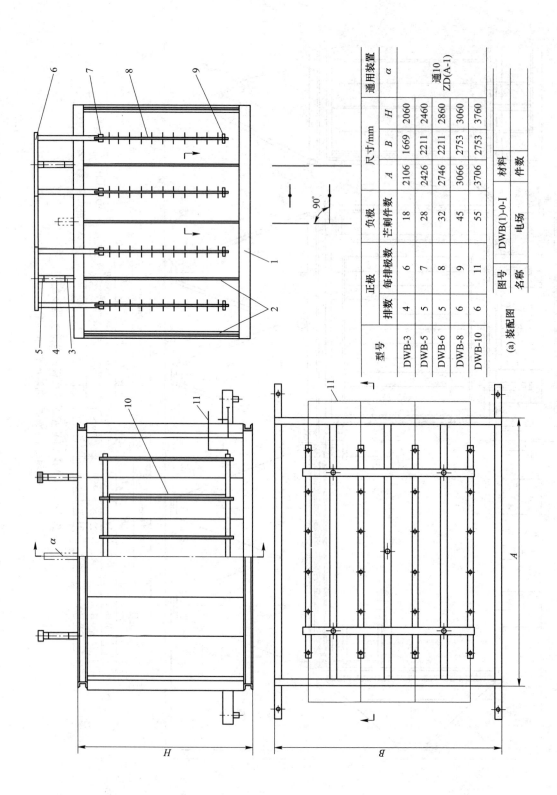

型号	正极		负极		尺寸/mm			通用装置
	排数	每排极数	芒刺件数		A	B	H	α
DWB-3	4	6	18		2106	1669	2060	
DWB-5	5	7	28		2426	2211	2460	通10
DWB-6	5	8	32		2746	2211	2860	ZD(A-1)
DWB-8	6	9	45		3066	2753	3060	
DWB-10	6	11	55		3706	2753	3760	

图号	DWB(1)-0-I	材料	
名称	电场	件数	

(a) 装配图

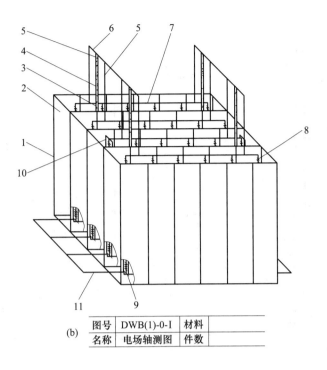

	图号	DWB(1)-0-Ⅰ	材料	
(b)	名称	电场轴测图	件数	

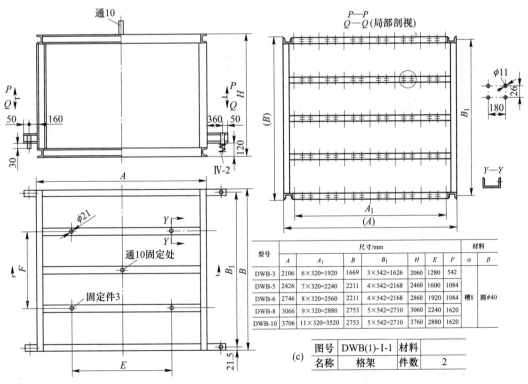

型号	尺寸/mm							材料	
	A	A_1	B	B_1	H	E	F	α	β
DWB-3	2106	6×320=1920	1669	3×542=1626	2060	1280	542	槽8	圆ϕ40
DWB-5	2426	7×320=2240	2211	4×542=2168	2460	1600	1084		
DWB-6	2746	8×320=2560	2211	4×542=2168	2860	1920	1084		
DWB-8	3066	9×320=2880	2753	5×542=2710	3060	2240	1620		
DWB-10	3706	11×320=3520	2753	5×542=2710	3760	2880	1620		

	图号	DWB(1)-Ⅰ-1	材料	
(c)	名称	格架	件数	2

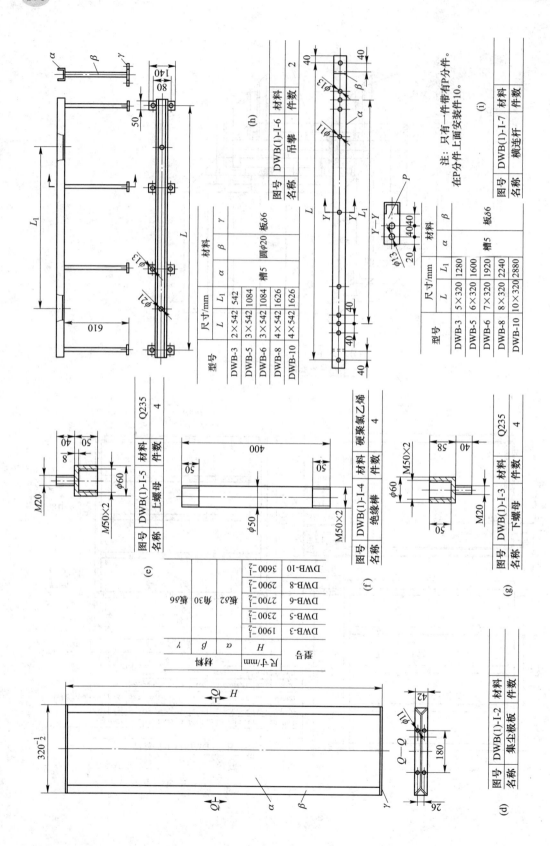

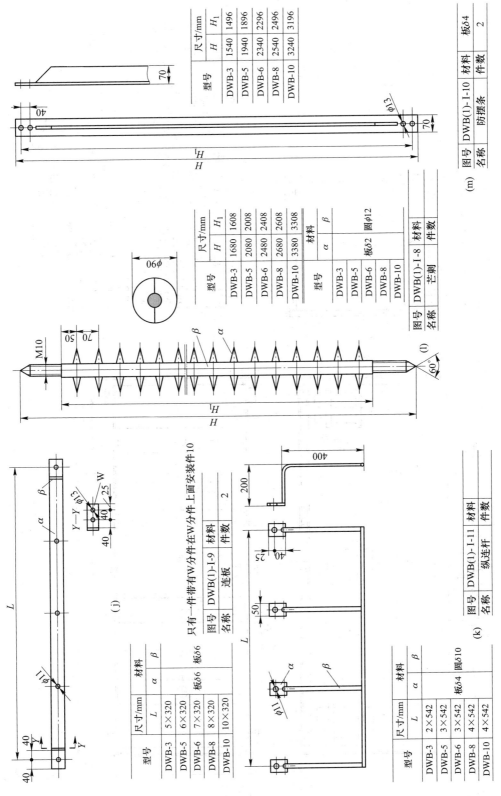

型号	尺寸/mm	
	H	H_1
DWB-3	1540	1496
DWB-5	1940	1896
DWB-6	2340	2296
DWB-8	2540	2496
DWB-10	3240	3196

图号	DWB(1)-1-10	材料	板δ4
名称	防摆条	件数	2

(m)

型号	尺寸/mm	
	H	H_1
DWB-3	1680	1608
DWB-5	2080	2008
DWB-6	2480	2408
DWB-8	2680	2608
DWB-10	3380	3308

型号	材料		
	α	β	
DWB-3			圆φ12
DWB-5		板δ2	
DWB-6			
DWB-8			
DWB-10			

图号	DWB(1)-1-8	材料	
名称	芒刺	件数	

(l)

只有一件带有W分件在W分件上面安装件10

图号	DWB(1)-1-9	材料	
名称	连板	件数	2

(j)

型号	尺寸/mm	材料		
	L	α	β	
DWB-3	5×320			
DWB-5	6×320			板δ6
DWB-6	7×320		板δ6	
DWB-8	8×320			
DWB-10	10×320			

图号	DWB(1)-1-11	材料	
名称	纵连杆	件数	

(k)

型号	尺寸/mm	材料		
	L	α	β	
DWB-3	2×542			
DWB-5	3×542			板δ4 圆δ10
DWB-6	3×542		板δ4	
DWB-8	4×542			
DWB-10	4×542			

图 8-13　DWB（1）型卧式板极极板静电除尘器电场

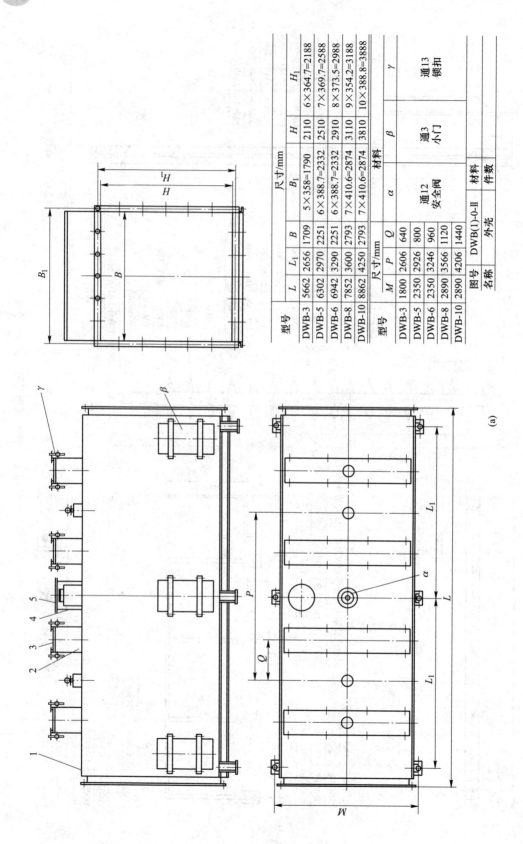

型号	尺寸/mm								
	L	L_1	B	B_1	α	H	H_1		
DWB-3	5662	2656	1709	5×358=1790		2110	6×364.7=2188		
DWB-5	6302	2970	2251	6×388.7=2332		2510	7×369.7=2588		
DWB-6	6942	3290	2251	6×388.7=2332		2910	8×373.5=2988		
DWB-8	7852	3600	2793	7×410.6=2874		3110	9×354.2=3188		
DWB-10	8862	4250	2793	7×410.6=2874		3810	10×388.8=3888		

型号	尺寸/mm				材料		
	M	P	Q		α 通12 安全阀	β 通3 小门	γ 通13 锁扣
DWB-3	1800	2606	640				
DWB-5	2350	2926	800				
DWB-6	2350	3246	960				
DWB-8	2890	3566	1120				
DWB-10	2890	4206	1440				

图号	DWB(1)-0-Ⅱ		材料
名称	外壳		件数

(a)

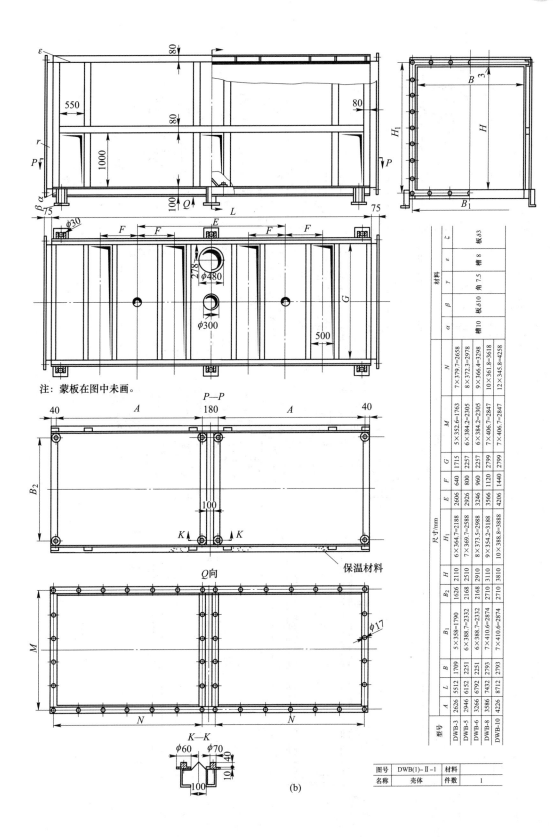

注：蒙板在图中未画。

型号	尺寸/mm																	材料					
	A	L	B	B_1	B_2	H	H_1	E	F	G	M	N	α	β	γ	ε	ζ
DWB-3	2626	5512	1709	5×358=1790	1626	2110	6×364.7=2188	2606	640	1715	5×352.6=1763	7×379.7=2658	槽10	板δ10	角7.5	槽8	板δ3
DWB-5	2946	6152	2251	6×388.7=2332	2168	2510	7×369.7=2588	2926	800	2257	6×384.2=2305	8×372.3=2978					
DWB-6	3266	6792	2251	6×388.7=2332	2168	2910	8×373.5=2988	3246	960	2257	6×384.2=2305	9×366.4=3298					
DWB-8	3586	7432	2793	7×410.6=2874	2710	3110	9×354.2=3188	3566	1120	2799	7×406.7=2847	10×361.8=3618					
DWB-10	4226	8712	2793	7×410.6=2874	2710	3810	10×388.8=3888	4206	1440	2799	7×406.7=2847	12×345.8=4258					

保温材料

图号	DWB(1)-Ⅱ-1	材料	
名称	壳体	件数	1

(b)

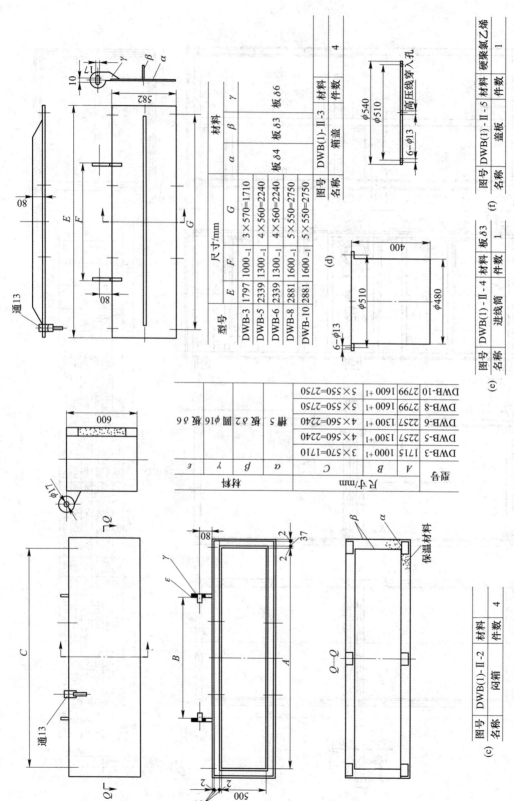

图 8-14　DWB（1）型卧式板极静电除尘器外壳

（c）

图号	DWB(1)-Ⅱ-2	材料		
名称	闷箱	件数	4	

尺寸/mm

型号	A	B	C	α	β	γ	ε
DWB-3	1715	1000+1	3×570=1710				
DWB-5	2257	1300+1	4×560=2240				
DWB-6	2257	1300+1	4×560=2240	配 5	配 δ2	圆 φ16	板 δ6
DWB-8	2799	1600+1	5×550=2750				
DWB-10	2799	1600+1	5×550=2750				

尺寸/mm

型号	E	F	G	α	β	γ
DWB-3	1797	1000-1	3×570=1710			
DWB-5	2339	1300-1	4×560=2240			
DWB-6	2339	1300-1	4×560=2240	板 δ4	板 δ3	板 δ6
DWB-8	2881	1600-1	5×550=2750			
DWB-10	2881	1600-1	5×550=2750			

图号	DWB(1)-Ⅱ-3	材料		
名称	箱盖	件数	4	

（d）

图号	DWB(1)-Ⅱ-4	材料	板 δ3
名称	进线筒	件数	1

（e）

图号	DWB(1)-Ⅱ-5	材料	硬聚氯乙烯
名称	盖板	件数	1

（f）

所示外壳内安装两个电场，设 3 个小门，操作人员可以进入电场两端的空间。在壳体 1 上部布置有 4 个长方孔，闷箱 2 与长方孔相对，之间焊合。闷箱上部设有箱盖 3，电场中的绝缘部分安装在闷箱所形成的空间处。

在除尘过程中，两个电场所在处粉尘的浓度是不同的，不同的浓度需要不同的供电参数，采用两套供电装置，从两处引入高压电缆。对一些小型的除尘器，虽用两个电场，仍可采用一套供电装置，从一处引入高压电缆。高压电缆穿过盖板 5、通过进线筒 4 接通电晕极。

C　风箱

进风箱、出风箱结构和尺寸完全相同。风箱的部件如图 8-15 所示。图 8-15（b）、（c）为该部件所属零件图。如图 8-15（a）所示，风箱内设置有两层布风板，两层连成一体用一个振打装置清灰。1 为箱体。由钢板组焊的槽形是布风板 2 安放的位置。

D　灰斗

灰斗的部件如图 8-16 所示。该部件所属零件如图 8-16（b）~（f）所示。从电场收集下来的粉尘是降落在灰斗内储存。电场与灰斗之间直接相通是为了便于粉尘的降落。但是直接相通使得有一小部分含尘气体不走电场，而在电场下部通过，这样粉尘不能带电、不能去除，造成除尘效率除低 1%~1.5%。

为了提高除尘的效率，在设计 DWB 型除尘器时，在电场与灰斗之间装设隔离装置。粉尘先落到隔离装置上面，经过一段时间振动隔离装置，使粉尘落入下面的灰斗内，这样就可以防止含尘气体走旁路，保证静电除尘彻底进行。隔离装置是振动的，与电晕极之间的距离是变化的。隔离装置与电晕极之间的最小距离等于或稍大于电场的异极间距时，隔离装置亦可以成为集尘极进行收尘，芒刺中的圆钢端头做成尖角就是为了使隔离装置放电进行除尘。

斗体 1 上部槽钢周围装有弹簧座，用于放置弹簧 2，上面摆放振动框 3，在振动框的空间处焊接溜斗 4，在溜斗上摆放振动子。振动装置与振动框下部的钢板相连，可用焊接固定也可用螺栓固定。振动框振动、迫使振动子在溜斗上面跳动可形或 2cm 左右间隙，粉尘便从间隙落入灰斗内。

8.3.4　通风机

除尘系统是依靠通风机提供能量，使气体流动。为了防止风机的磨损和腐蚀，通常把风机放在净化设备后面，按风机工作原理可分为离心和轴流式两种。在通风除尘系统设计中，通风机的选择不但要满足通风除尘管道系统在工作时必需的风量和风压，而且要满足通风机在这样的风量和风压下工作时效率最高。有关通风机的设计图纸可参考相关通风机的设计手册。

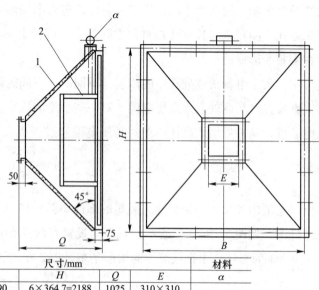

型号	尺寸/mm				材料
	B	H	Q	E	α
DWB-3	5×358=1790	6×364.7=2188	1025	310×310	
DWB-5	6×388.7=2332	7×369.7=2588	1180	400×400	
DWB-6	6×388.7=2332	8×373.5=2988	1360	440×440	通10ZD(A)-1
DWB-8	7×410.6=2874	9×354.2=3188	1425	510×510	
DWB-10	7×410.6=2874	10×388.8=3888	1745	570×570	

(a)

图号	DWB(1)-0-Ⅲ	材料	
名称	进出风箱	件数	2

型号	尺寸/mm				
	B	B_1	H	H_1	C
DWB-3	1709	5×358=1790	2110	6×364.7=2188	900
DWB-5	2251	6×388.7=2332	2510	7×369.7=2588	1055
DWB-6	2251	6×388.7=2332	2910	8×373.5=2988	1235
DWB-8	2793	7×410.6=2874	3110	9×354.2=3188	1300
DWB-10	2793	7×410.6=2874	3810	10×388.8=3888	1620

型号	尺寸/mm	材料				
	E	α	β	γ	ε	ζ
DWB-3	310×310					
DWB-5	400×400					
DWB-6	440×440	角7.5	板δ3	板δ2	角5	板δ6
DWB-8	510×510					
DWB-10	570×570					

图号	DWB(1)-Ⅲ-1	材料	
名称	箱体	件数	2

(b)

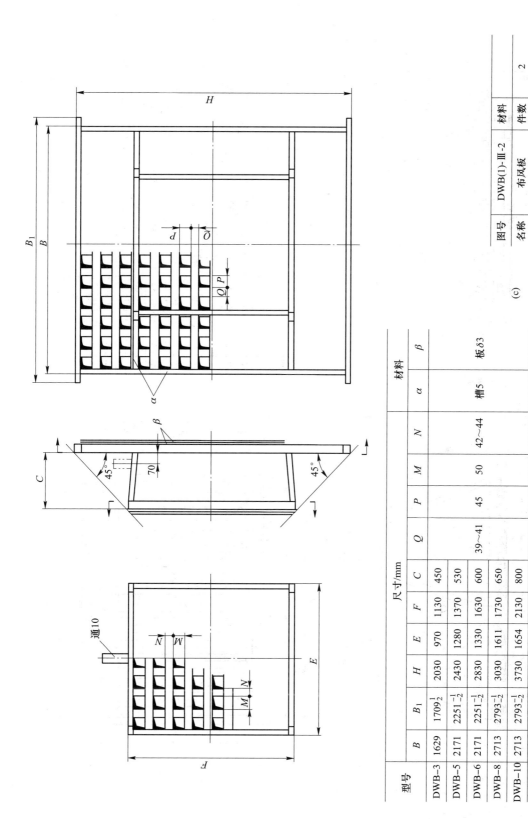

图 8-15 DWB（1）型卧式板板静电除尘器风箱

图号	DWB(1)-Ⅲ-2	材料	
名称	布风板	件数	2

型号	B	B₁	H	E	F	C	Q	P	M	N	α	β
			尺寸/mm								材料	
DWB-3	1629	1709$\frac{1}{2}$	2030	970	1130	450						
DWB-5	2171	2251$\frac{1}{2}$	2430	1280	1370	530						
DWB-6	2171	2251$\frac{1}{2}$	2830	1330	1630	600	39~41	45	50	42~44	槽5	板δ3
DWB-8	2713	2793$\frac{1}{2}$	3030	1611	1730	650						
DWB-10	2713	2793$\frac{1}{2}$	3730	1654	2130	800						

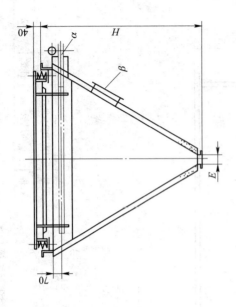

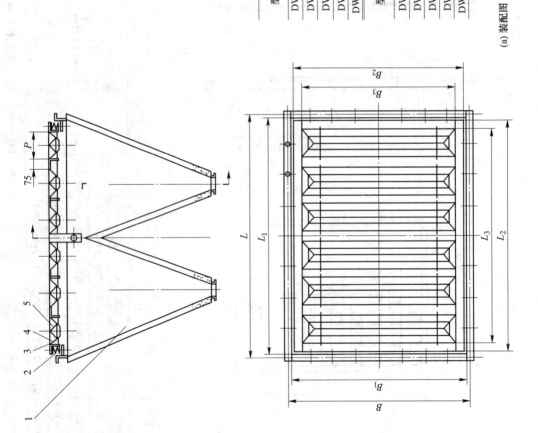

型号	尺寸/mm					
	L	L_1	L_2	L_3	B	B_1
DWB-3	7×379.7=2658	2610	2590	2440	5×352.6=1763	1715
DWB-5	8×372.3=2978	2930	2910	2760	6×384.2=2305	2257
DWB-6	9×366.4=3298	3250	3230	3080	6×384.2=2305	2257
DWB-8	10×361.8=3618	3570	3550	3400	7×406.7=2847	2799
DWB-10	12×345.8=4258	4210	4190	4040	7×406.7=2847	2799

型号	尺寸/mm					材料	
	B_2	B_3	H	E	P	α	β
DWB-3	1695	1545	1460	200×200	554	通10 ZD(B)-2	通2、A型
DWB-5	2237	2087	1520	300×300	397		
DWB-6	2237	2087	1680	300×300	451		
DWB-8	2779	2629	1840	300×300	504		
DWB-10	2779	2629	2180	300×300	610		

图号	DWB(1)-0-IV	材料	
名称	灰斗	件数	

(a) 装配图

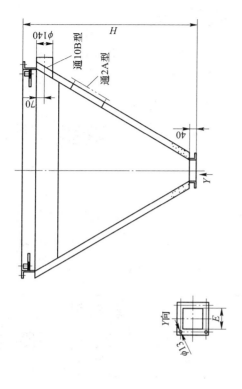

型号	尺寸/mm						
	L	L_1	L_2	B	B_1	B_2	H
DWB-3	7×379.7=2658	2610	2516	5×352.6=1763	1715	1621	1460
DWB-5	8×372.3=2978	2930	2836	6×384.2=2305	2257	2163	1520
DWB-6	9×366.4=3298	3250	3156	6×384.2=2305	2257	2163	1680
DWB-8	10×361.8=3618	3570	3476	7×406.7=2847	2799	2705	1840
DWB-10	12×345.8=4258	4210	4116	7×406.7=2847	2799	2705	2180

型号	材料						
	E	α	β	γ	ε	ζ	η
DWB-3	200×200	槽10	板δ8	圆φ40	板δ3	板δ2.5	角4
DWB-5	300×300						
DWB-6	300×300						
DWB-8	300×300						
DWB-10	300×300						

图号	DWB(1)-IV-1	材料	
名称	斗体	件数	2

(b)

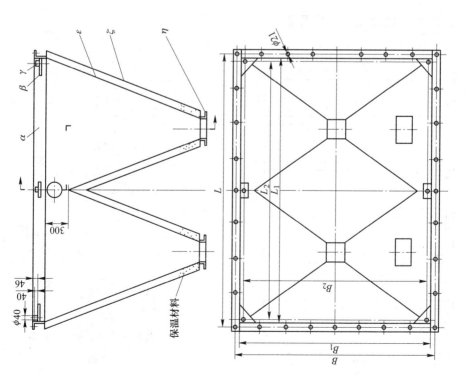

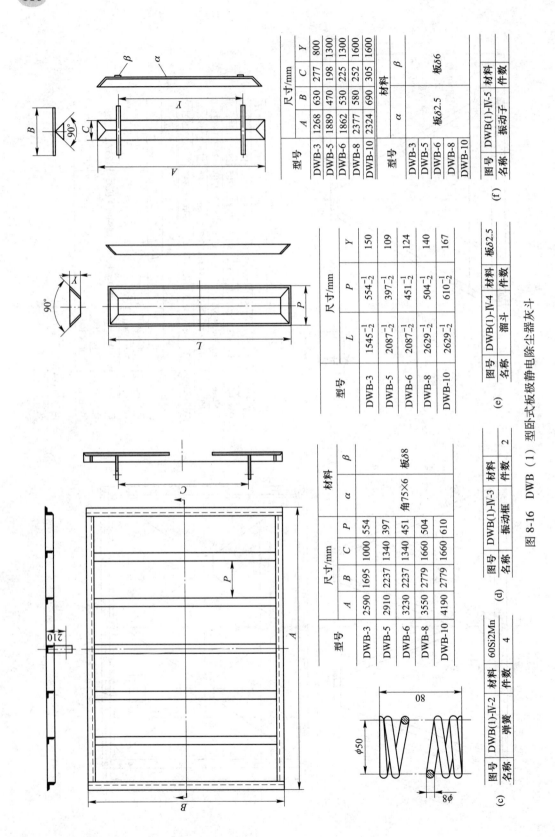

(f)

型号	尺寸/mm			
	A	B	C	Y
DWB-3	1268	630	277	800
DWB-5	1889	470	198	1300
DWB-6	1862	530	225	1300
DWB-8	2377	580	252	1600
DWB-10	2324	690	305	1600

型号	材料	
	α	β
DWB-3		
DWB-5		
DWB-6	板δ2.5	板δ6
DWB-8		
DWB-10		

图号	DWB(1)-Ⅳ-5	材料	
名称	振动子	件数	

(e)

型号	尺寸/mm		
	L	P	Y
DWB-3	1545^{-1}_{-2}	554^{-1}_{-2}	150
DWB-5	2087^{-1}_{-2}	397^{-1}_{-2}	109
DWB-6	2087^{-1}_{-2}	451^{-1}_{-2}	124
DWB-8	2629^{-1}_{-2}	504^{-1}_{-2}	140
DWB-10	2629^{-1}_{-2}	610^{-1}_{-2}	167

图号	DWB(1)-Ⅳ-4	材料	板δ2.5
名称	溜斗	件数	

(d)

型号	尺寸/mm				材料	
	A	B	C	P	α	β
DWB-3	2590	1695	1000	554		
DWB-5	2910	2237	1340	397		
DWB-6	3230	2237	1340	451	角75×6	板δ8
DWB-8	3550	2779	1660	504		
DWB-10	4190	2779	1660	610		

图号	DWB(1)-Ⅳ-3	材料	
名称	振动框	件数	2

(c)

图号	DWB(1)-Ⅳ-2	材料	60Si2Mn
名称	弹簧	件数	4

图 8-16　DWB（1）型卧式板板静电除尘器灰斗

8.4 通风除尘系统管网设计图绘制

8.4.1 通风除尘系统管网设计一般原则

（1）净化系统的风道布置要力求简单。风管应尽可能垂直或倾斜敷设。倾斜风管的倾斜角度（与水平面的夹角）应不小于粉尘的安息角。排除一般粉尘宜采用40°～60°。当管道水平敷设时，要注意风管内风速的选取，防止粉尘在风管内沉积。

（2）连接吸尘用排风罩的风管宜采用竖直方向敷设。分支管与水平管或主干管连接时，一般从风管的上面或侧面接入，三通夹角宜小于30°。

（3）通风管道一般应明设，尽量避免在地下敷设。当必须敷设在地下时，应将风管敷设在地沟里。

（4）通风管道一般采用圆形断面。管径设计宜选用《全国通用通风管道计算表》中推荐的统一标准，标准中圆管直径指的是外径。

（5）为减轻含尘气体对风机的磨损，一般应将除尘器置于通风机的吸入段。风管与通风机的连接宜采用柔性连接以减少震动，如图8-17所示。

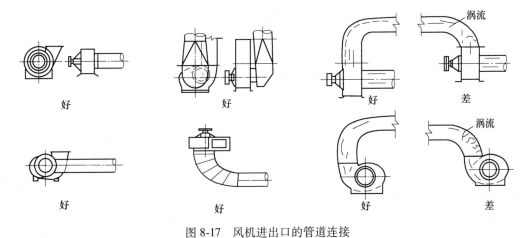

图 8-17　风机进出口的管道连接

8.4.2 通风除尘系统管网设计计算步骤

风管的设计计算是在系统输送的风量已定，风管布置已基本确定的基础上进行的，其目的主要是设计管道断面尺寸和系统阻力消耗，进而确定需配用风机的型号和动力消耗。

风管管道设计计算方法有假定流速法、压损平均法和静压复得法等几种，目前常用的是假定流速法。

压损平均法的特点是，将已知总作用压头按干管长度平均分配给每一管段，再根据每一管段的风量确定风管断面尺寸。如果风管系统所用的风机压头已定，或对分支管路进行阻力平衡计算，此法较为方便。

静压复得法的特点是，利用风管分支处复得的静压来克服该管段的阻力，根据这一原则确定风管的断面尺寸。此法常用于高速空调系统的水力计算。

假定流速法的特点是，先按技术经济要求选定风管的流速，再根据风管的风量确定风管的断面尺寸和阻力。假定流速法的计算步骤和方法如下。

8.4.2.1 绘制通风系统轴测图

首先绘制通风系统轴测图（图 8-18），并对各管段进行编号，标注各管段的长度和风量，以风量和风速不变的风管为一管段。一般从距风机最远的一段开始，由远而近顺序编号。管段长度按两个管件中心线的长度计算，不扣除管件（如弯头、三通）本身的长度。

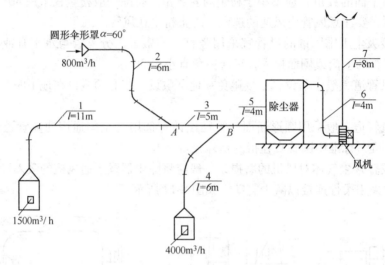

图 8-18 通风系统轴测图

8.4.2.2 选择合理的空气流速

风管内的风速对系统的经济性有较大影响。流速高、风管断面小、材料消耗少、建造费用小；但是，系统阻力增大，动力消耗增加，有时还可能加速管道的磨损。流速低、阻力小、动力消耗少；但是风管断面大，材料和建造费用增加。对通风除尘系统，流速过低会造成粉尘沉积、堵塞管道，因此，必须进行全面的技术经济比较，确定适当的经济流速。根据经验，对于一般的工业通风除尘系统，其风速可按表 8-1 确定。对于除尘系统，为防止粉尘在管道内沉积所需的最低风速可按表 8-2 确定。对于除尘后的风管，风速可适当减小。

表 8-1 一般通风系统风管内的风速 （m/s）

风管部位	生产厂房机械通风		民用及辅助建筑物	
	钢板及塑料风管	砖及混凝土风道	自然通风	机械通风
干管	6~14	4~12	0.5~1.0	5~8
支管	2~3	2~6	0.5~0.7	2~5

8.4.2.3 确定管段直径（断面尺寸）和阻力损失

根据各管段的风量和选定的流速确定各管段的管径（或断面尺寸），计算各管段的摩擦阻力和局部阻力。

确定管径时，应尽可能先用标准规格的通风管道直径，以利于工业化加工制作。

表 8-2　通风除尘管道内最低空气流速　　　　　　　（m/s）

粉尘种类	垂直管	水平管	粉尘种类	垂直管	水平管
粉状的粘土和砂	11	13	铁和钢（屑）	19	23
耐火泥	14	17	灰土、砂尘	16	18
重矿物粉尘	14	16	锯屑、刨屑	12	14
轻矿物粉尘	12	14	大块干木屑	14	15
干型砂	11	13	干微尘	8	10
煤灰	10	12	染料粉尘	14~16	16~18
湿土（2%以下水分）	15	18	大块湿木屑	18	20
铁和钢（尘末）	13	15	谷物粉尘	10	12
棉絮	8	10	麻（短纤维粉尘、杂质）	8	12
水泥粉尘	8~12	18~22			

阻力计算应从最不利的环路（即距风机最远的排风点）开始，即以最大管路为主线进行计算。各管段的阻力为摩擦阻力和局部阻力之和。

袋式除尘器和静电除尘器后风管内的风量应把漏风量和反吹风量计入。在正常运行条件下，除尘器的漏风率应不大于 5%。

8.4.2.4　并联管路的阻力平衡

为保证各送、排风点达到预期的风量，两并联支管的阻力必须保持平衡。对一般的通风系统，两支管的阻力差应不超过 15%；除尘系统应不超过 10%。若超过上述规定，可采用调整支管管径、增大管道风量和阀门调节等方法使其阻力平衡。

8.4.2.5　计算系统的总阻力

通风除尘管道系统总的阻力损失 p_t，它是阻力最大的串联管线各段阻力 p_i 之和。

8.4.2.6　选择通风机和所配用的电动机

排风罩处所需要的排风量以及输送这些气体所产生的压力消耗均由通风机提供。通过管道系统的设计计算，提出本系统应配通风机的性能参数。

8.4.3　通风除尘系统管网设计图绘制

该建筑为一铸造车间，共有两层，占地面积约为 13500m^2，第一层为大工件铸造区，二楼为小工件铸造区。由于铸造过程中会产生大量的粉尘，所以每层的各个作业区域都安装有通风除尘系统，用于在尘源附近处将粉尘吸收，防治粉尘扩散到其他位置。一楼的通风除尘系统分为 4 个部分，C-1、C-2、S-1 与 P-1 和 S-2 与 P-2，如图 8-19 所示。二楼的通风除尘系统分为 4 个部分：S-3、S-4、S-5 和 S-6，如图 8-20 所示。

（1）C-1。通风除尘系统主要由 4 个积尘罩、一个布袋除尘器、一个集尘箱和一台离心式通风机组成，具体如图 8-21 所示。集尘罩处安装有 2 台 3t 中频感应电炉，每台需要的排风量是 9000m^3/h，同时为了防止铸造产生的高温烟气烧毁布袋除尘器，需要安装野风阀。野风阀进来的风与从集尘罩进来的高温烟气混合，使其温度下降到合理范围。设计从野风阀进来的风约为 6000m^3/h，所以通风机共需排风量为 18000+6000（野风）m^3/h。

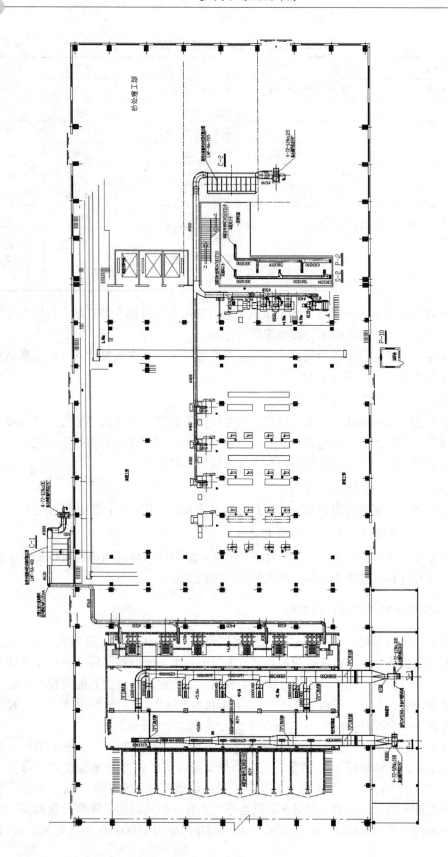

图 8-19   一楼的通风除尘

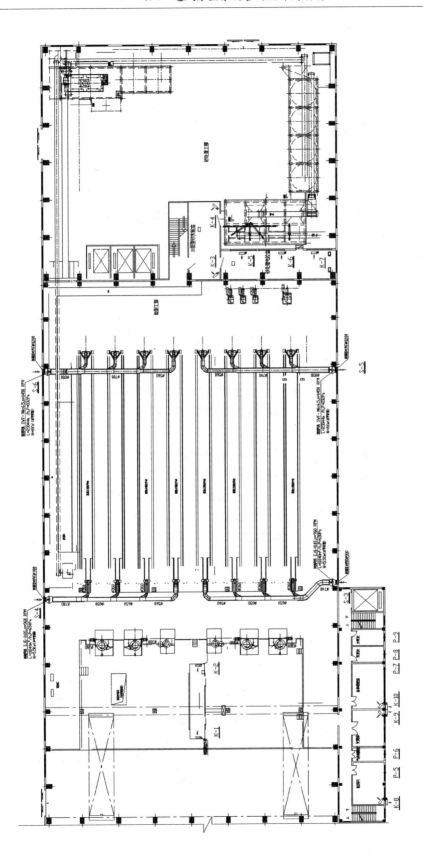

图 8-20 二楼的通风除尘

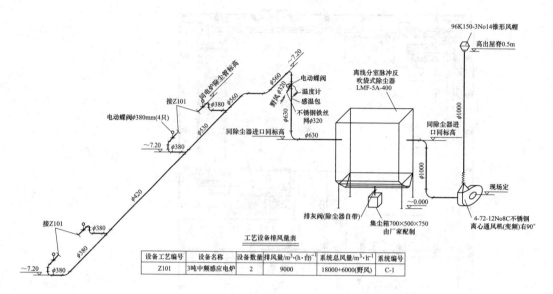

设备工艺编号	设备名称	设备数量	排风量/m³·(h·台)⁻¹	系统总风量/m³·h⁻¹	系统编号
Z101	3吨中频感应电炉	2	9000	18000+6000(野风)	C-1

图 8-21　C-1 位置通风除尘系统安装图

整个系统安装需要注意的地方有：

1）图 8-19 中所注标高在安装时可作适当调整。

2）图 8-20 所注标高对矩形风管和风口为其底标高，对圆形风口为其中心标高，相对室内的地坪标高为±0.000。

3）所有除尘系统支管与主管三通连接处均为夹角 30°安装。

4）电动蝶阀与温度计联锁，当温度≥110℃时，电动蝶阀开启，否则电动蝶阀关闭。

（2）C-2 通风除尘系统分为两部分：一个部分负责收集 Z304 部位产生的粉尘和烟气；另一部分负责 Z301、Z302、Z315 部位；主要由集尘罩、布袋除尘器、集尘箱和一台离心式通风机组成，具体如图 8-22 所示。各部位需要的通风量和设备数量见表 8-3。

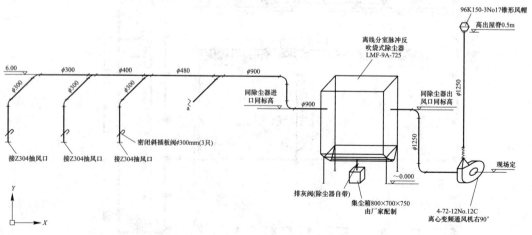

(a)

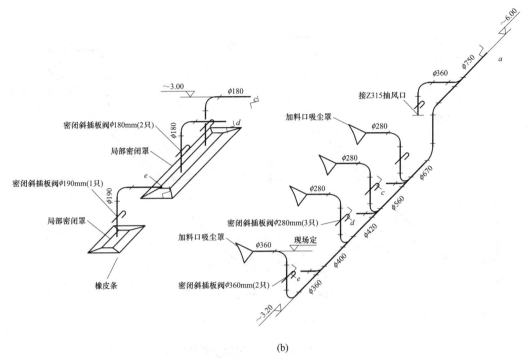

(b)

图 8-22　C-2 位置通风除尘系统安装图

表 8-3　C-2 通风除尘系统各设备需要的风量

设备编号	设备名称	设备数量	排风量/m³·h⁻¹	系统总风量/m³·h⁻¹
Z304	橡胶履带抛丸清理机	3	4500	
Z315	15GN 金属履带抛丸清理机	1	7000	44000
Z301	球铁破碎机	1	8500	
Z302	颚式破碎机	3	5000	

整个系统安装需要注意的地方有：

1）图 8-22 中所注标高在安装时可作适当调整。

2）图 8-22 所注标高对矩形风管和风口为其底标高，对圆形风口为其中心标高，相对室内的地坪标高为±0.000。

3）所有除尘系统支管与主管三通连接处均为夹角 30°安装。

（3）S-1、P-1 通风系统处于电气间内，它们一个送风一个排风，负责电气间的空气流通。S-1 处的风机为压入式离心风机，由 7 个双层百叶送风口送风；P-1 处的风机为抽出式离心风机，由 7 个单层百叶排风口排风，如图 8-23 所示。

整个系统安装需要注意的地方有：

1）图 8-23 中所注标高在安装时可作适当调整。

2）图 8-23 所注标高对矩形风管和风口为其底标高，对圆形风口为其中心标高，相对室内的地坪标高为±0.000。

（4）S-2、P-2 通风系统也是一个送风一个排风，负责空间内的空气流通。S-2 处的风

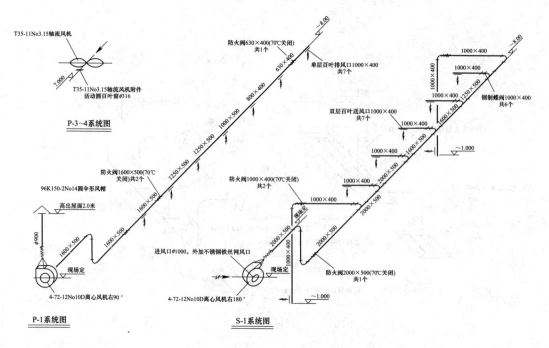

图 8-23   S-1 与 P-1 位置通风除尘系统安装图

机为压入式离心风机，安装了三层，每层由 3 个双层百叶送风口送风；P-2 处的风机为抽出式离心风机，安装了三层，每层由 3 个单层百叶排风口排风，如图 8-24 所示。

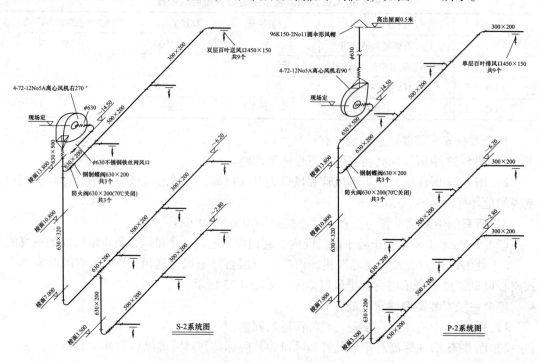

图 8-24   S-2 与 P-2 位置通风除尘系统安装图

整个系统安装需要注意的地方有：

1）图 8-24 中所注标高在安装时可作适当调整。

2）本图 8-24 所注标高对矩形风管和风口为其底标高，对圆形风口为其中心标高，相对室内的地坪标高为±0.000。

（5）S-3、S-4 和 S-5、S-6 的通风除尘系统位于二楼，也安装在混凝土浇筑平台处，安装的是轴流式压入风机，分为 4 个部分，每个部分由两个风幕送风口和一个旋转排风口组成，具体如图 8-25 和图 8-26 所示。

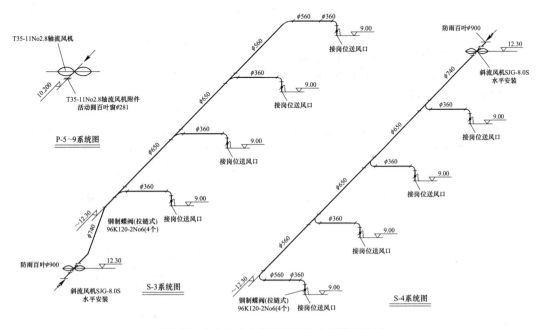

图 8-25　S-3 与 S-4 位置通风除尘系统安装图

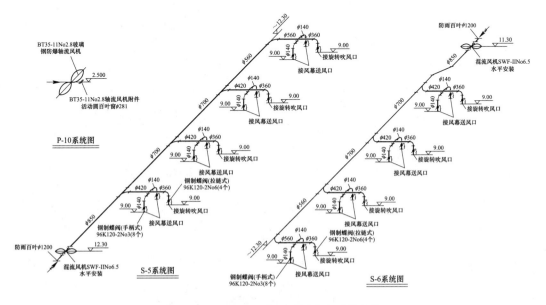

图 8-26　S-5 与 S-6 位置通风除尘系统安装

整个系统安装需要注意的地方有：

1）图 8-25 和图 8-26 中所注标高在安装时可作适当调整。

2）图 8-25 和图 8-26 所注标高对矩形风管和风口为其底标高，对圆形风口为其中心标高，相对室内的地坪标高为±0.000。

3）所有除尘系统支管与主管三通连接处均为夹角 30°安装。

4）电动蝶阀与温度计联锁，当温度≥110℃时阀开启，否则阀关闭。

复　习　题

8-1　何谓通风除尘系统，一般由几个部分组成？

8-2　简述一套完整的通风除尘（或有害气体净化）系统施工图文件的组成。

8-3　简述通风除尘系统施工安装说明的主要内容。

8-4　简述通风除尘管道布置的特点和要求。

8-5　简述不同类型除尘器的除尘机理和除尘过程。

8-6　简述通风除尘系统管网设计计算步骤。

9 建筑防排烟系统图

建筑防烟、排烟系统的设计，应结合建筑的特性和火灾烟气的发展规律等因素，采取有效的技术措施，做到安全可靠、技术先进、经济合理。建筑防烟、排烟系统的设备，应选择符合国家现行有关标准和有关准入制度的产品。建筑防烟、排烟系统的设计、施工、验收及维护管理应执行《建筑防烟排烟系统技术标准》（GB 51251—2017），并符合国家现行有关标准的要求。

9.1 建筑防烟系统

建筑防烟系统是通过采用自然通风方式，防止火灾烟气在楼梯间、前室、避难层（间）等空间内积聚，或通过采用机械加压送风方式阻止火灾烟气侵入楼梯间、前室、避难层（间）等空间的系统，防烟系统分自然通风系统和机械加压送风系统。

9.1.1 建筑防烟系统设置范围

（1）自然通风防烟系统：

1）建筑高度小于或等于50m的公共建筑、工业建筑和建筑高度小于或等于100m的住宅建筑，其防烟楼梯间、独立前室、共用前室、合用前室（除共用前室与消防电梯前室合用外）及消防电梯前室应采用自然通风系统。

2）当独立前室、共用前室及合用前室的机械加压送风口设置在前室的顶部或正对前室入口的墙面时，楼梯间可采用自然通风系统。

3）当地下、半地下建筑（室）的封闭楼梯间不与地上楼梯间共用且地下仅为一层时，可不设置机械加压送风系统，但首层应设置有效面积不小于 1.2m² 的可开启外窗或直通室外的疏散门。

（2）机械加压送风系统：

1）建筑高度大于50m的公共建筑、工业建筑和建筑高度大于100m的住宅建筑，其防烟楼梯间、消防电梯前室及合用前室应采用机械加压送风方式的防烟系统。

2）当机械加压送风口未设置在前室的顶部或正对前室入口的墙面时，楼梯间应采用机械加压送风系统。

3）当防烟楼梯间在裙房高度以上部分采用自然通风时，不具备自然通风条件的裙房的独立前室、共用前室及合用前室应采用机械加压送风系统。

4）建筑地下部分的防烟楼梯间前室及消防电梯前室，当无自然通风条件或自然通风不符合要求时，应采用机械加压送风系统。

5）防烟楼梯间及其前室的机械加压送风系统的设置应符合下列规定：

① 建筑高度小于或等于50m的公共建筑、工业建筑和建筑高度小于或等于100m的住

宅建筑，当采用独立前室且其仅有一个门与走道或房间相通时，可仅在楼梯间设置机械加压送风系统；当独立前室有多个门时，楼梯间、独立前室应分别独立设置机械加压送风系统。

② 当采用合用前室时，楼梯间、合用前室应分别独立设置机械加压送风系统。

③ 当采用剪刀楼梯时，其两个楼梯间及其前室的机械加压送风系统应分别独立设置。

9.1.2 建筑防烟系统的分类

按工作原理不同，防烟系统可以分为机械加压送风的防烟系统和自然通风的防烟系统。

9.1.2.1 自然通风系统

自然通风系统由可开启外窗等自然通风设施组成。对于建筑高度小于等于50m的公共建筑、工业建筑和建筑高度小于等于100m的住宅建筑，由于这些建筑受风压作用影响较小，且一般不需设火灾自动报警系统，此时，利用建筑本身的采光通风系统，也可基本起到防止烟气进一步进入安全区域的作用。当满足条件时，建议防烟楼梯的楼梯间、前室、合用前室均采用自然通风方式的防烟系统。因为这种系统简便易行、效果良好且经济效益明显。

9.1.2.2 机械加压送风系统

机械加压送风系统由送风机、送风口及送风管道等机械加压送风设施组成。机械加压防烟方式的优点是能有效地防止烟气侵入所控制的区域，而且由于送入大量的新鲜空气，特别适合于作为疏散通道的楼梯间、电梯间、前室及避难层的防烟。

9.1.3 自然通风防烟系统

自然通风是一种防烟方式，由可开启外窗等自然通风设施组成，可防止烟气进入楼梯间、前室、避难层（间）等空间。

对建筑高度小于等于50m的公共建筑、工业建筑和建筑高度小于等于100m的住宅建筑，其防烟楼梯间及其前室、消防电梯前室及合用前室宜采用自然通风方式的防烟。

对靠外墙的防烟楼梯间前室、消防电梯间前室及合用前室，在采用自然通风时一般可根据不同情况选择下面的方式：

（1）利用阳台或凹廊进行自然通风。

（2）利用防烟楼梯间前室、消防电梯间前室及合用前室直接对外开启的窗自然通风。

（3）利用防烟楼梯间前室或合用前室具有的两个或两个以上不同朝向的对外开窗自然通风，如图9-1所示。

自然通风方式构造简单、经济、易操作，不需要外加动力，平时可兼作换气用，因此在符合条件的建筑中可优先使用。

9.1.4 机械加压送风防烟系统

设置机械加压送风防烟系统的目的，是为了在建筑物发生火灾时，向特定区域送入新鲜空气使其维持一定的正压，从而提供不受干扰的疏散路线和避难场所。

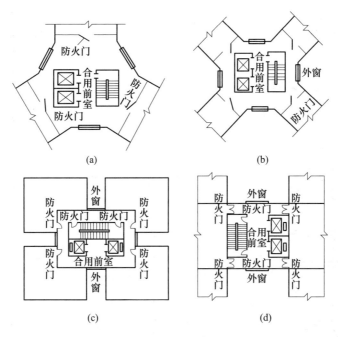

图9-1　有两个不同朝向可开启外窗的合用前室

9.1.4.1　机械加压送风防烟原理

　　机械防烟，就是在疏散楼梯间等需要防烟的部位送入足够的新鲜空气，使其维持高于建筑物其他部位的压力，从而把着火区域所产生的烟气堵截于防烟部位之外的一种防烟方式。图9-2所示为加压送风防烟的原理图。

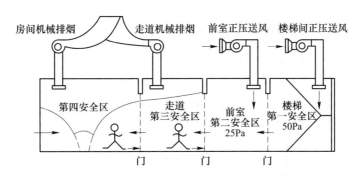

图9-2　加压送风防烟的原理图

　　为保证楼梯间等疏散通道不受烟气侵害、使人能够安全疏散，发生火灾时，从安全性角度出发，高层建筑内可分为4个安全区：第一安全区为防烟楼梯间、避难层（间）；第二安全区为防烟楼梯间前室、消防电梯间前室或合用前室；第三安全区为走道；第四安全区为房间。依据上述原则，加压送风时应使防烟楼梯间压力>前室压力>走道压力>房间压力，同时还要保证各部分之间的压差不要过大，造成开门困难影响疏散。《建筑防烟排烟系统规定》规定前室、合用前室、消防电梯前室、封闭避难层（间）与走道之间的压差应为25~30Pa，防烟楼梯间、封闭楼梯间与走道之间的压差应为40~50Pa。

9.1.4.2 机械加压送风防烟系统组成

机械加压送风防烟系统主要由送风口、送风管道、送风机以及电器控制设备等组成，如图9-3所示。

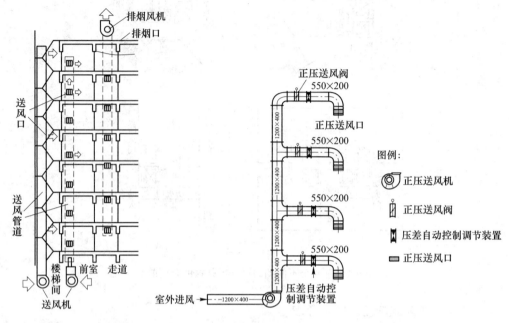

图9-3 机械加压送风防烟系统

9.1.4.3 机械加压送风防烟设施设置部位

当防烟楼梯间及其前室、消防电梯前室和合用前室各部位有可开启外窗并且满足自然通风的要求时，可以采用自然通风作为防烟方式。当不满足自然通风条件时，应采用机械加压送风方式。楼梯间与前室或合用前室在采用自然通风方式与采用机械送风方式的排列组合上有多种选择，这种组合关系及防烟设施设置部位见表9-1和图9-4。图9-4（a）为不具备自然通风条件的楼梯间与其前室，只对楼梯间加压送风；图9-4（b）采用自然通风的前室或合用前室与不具备自然通风条件的楼梯间，只对楼梯间加压送风；图9-4（c）采用自然通风的楼梯间与不具备自然通风条件的前室或合用前室，对前室或合用前室加压送风；图9-4（d）为不具备自然通风条件的楼梯间与合用前室，对楼梯间和合用前室同时加压送风；图9-4（e）为不具备自然通风条件的消防电梯前室，对前室加压送风。

表9-1 垂直疏散通道防烟部位组合设置表

组 合 关 系	防烟部位
不具备自然通风条件的楼梯间与其前室	楼梯间
采用自然通风的前室或合用前室与不具备自然通风条件的楼梯间	楼梯间
采用自然通风的楼梯间与不具备自然通风条件的前室或合用前室	前室或合用前室
不具备自然通风条件的楼梯间与合用前室	楼梯间、合用前室
不具备自然通风条件的消防电梯前室	前室

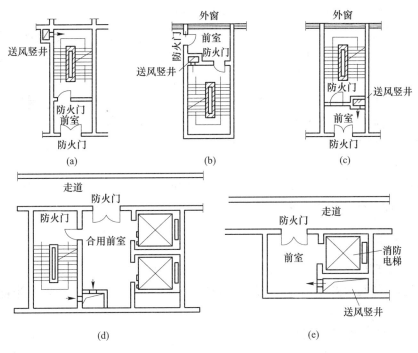

图 9-4 几种组合加压防烟的布置示意图

9.2 建筑排烟系统

建筑排烟系统是采用自然排烟或机械排烟的方式，将房间、走道等空间的火灾烟气排至建筑物外的系统，分为自然排烟系统和机械排烟系统。

9.2.1 建筑排烟系统设置范围

根据《建筑设计防火规范》（GB 50016—2014）的规定，民用建筑、厂房、仓库、地下或半地下建筑的特殊场所或部位应设置排烟设施。

9.2.1.1 民用建筑

民用建筑的下列场所或部位应设置排烟设施：

（1）歌舞娱乐游艺放映场所。当歌舞娱乐游艺放映场所设置在四层及以上楼层，或设置在地下、半地下时，需设置排烟设施；当歌舞娱乐游艺放映场所设置在建筑物的一、二、三层且房间建筑面积大于 100m² 时，也需设置排烟设施。

（2）中庭。中庭通常是指建筑内部贯穿多个楼层的共享空间，火灾烟气一旦进入中庭，会迅速充满整个空间，并很快蔓延到与中庭相通的各个楼层，因此需在中庭设置排烟设施。

（3）公共建筑内建筑面积大于 100m² 的且经常有人停留的地上房间。

（4）公共建筑内建筑面积大于 300m² 的且可燃物较多的地上房间。

（5）建筑内长度大于 20m 的疏散走道。

9.2.1.2　地下、半地下建筑及地上建筑内的无窗房间

对于地下、半地下建筑，或地上建筑中的无窗或固定窗房间，当总建筑面积大于 $200m^2$ 或一个房间的建筑面积大于 $50m^2$ 且经常有人停留或可燃物较多时，需设置排烟设施。

9.2.1.3　厂房或仓库

（1）丙类厂房。人员或可燃物较多的丙类生产场所应设置排烟设施，丙类厂房内建筑面积大于 $300m^2$ 且经常有人停留或可燃物较多的地上房间应设置排烟设施。

（2）建筑面积大于 $5000m^2$ 的丁类生产车间。

（3）占地面积大于 $1000m^2$ 的丙类仓库。

（4）疏散走道。高度大于 32m 的高层厂房（仓库）内长度大于 20m 的疏散走道，或其他厂房（仓库）内长度大于 40m 的疏散走道，应设置排烟设施。

9.2.2　建筑排烟系统分类

根据工作原理的不同，排烟系统可以分为机械排烟系统和自然排烟系统。机械排烟系统由排烟风机、排烟口及排烟管道等组件构成；自然排烟系统由可开启外窗等自然排烟设施组成。

9.2.2.1　机械排烟系统

利用排烟机把着火区域中产生的烟气通过排烟口、排烟管道等部件排到室外的方式，称为机械排烟。在火灾发生初期，这种排烟方式能使着火房间内压力下降，造成负压，烟气不会向其他区域扩散。一个设计优良的机械排烟系统在火灾时能排出 80% 的热量，使火场温度大大降低，从而对人员安全疏散、控制火灾的蔓延和火灾扑救起到积极作用。

根据补气方式的不同，机械排烟可分为机械排烟-自然进风、机械排烟-机械进风两种方式。

9.2.2.2　自然排烟系统

自然排烟是利用火灾产生的热烟气的浮力和外部风力作用，通过建筑物的对外开口，如外墙上的可开启外窗、高侧窗、天窗等，将房间、走道内的烟气排至室外的排烟方式。其目的就是控制火灾烟气在建筑物内的蔓延扩散，特别是减缓烟气侵入疏散通道，减小火灾烟气对受灾人员的危害以及财产损失。这种排烟方式实质上是热烟气和冷空气的对流运动，在自然排烟中，必须有冷空气的进口和热烟气的排出口，烟气排出口既可以是建筑物的外窗，也可以是设置在侧墙上部的排烟口。

9.2.3　建筑排烟分区的划分

从烟气的危害及扩散规律，人们清楚地认识到，发生火灾时首要任务是把火场上产生的高温烟气控制在一定的区域范围之内，并迅速排出室外。为了完成这项迫切任务，在特定条件下必须设置防烟分区。

9.2.3.1　防烟分区的概念

防烟分区是指在建筑内部屋顶或顶板、吊顶下采用具有挡烟功能的挡烟垂壁、结构梁、隔墙等进行分隔所形成的，具有一定蓄烟能力的空间。划分防烟分区的目的在于将火灾烟气控制在一定范围内，保证在一定时间内使火场上产生的高温烟气不致随意扩散，并

通过排烟设施迅速排除，从而有效地减少人员伤亡、财产损失和防止火灾蔓延扩大，并为火灾防火补救创造有利条件。

9.2.3.2　防烟分区的划分原则

（1）防烟分区不应跨越防火分区。划分防火分区和防烟分区的作用不完全相同，防火分区的作用是有效地阻止火灾在建筑物内沿水平和垂直方向蔓延，把火灾限制在一定的空间范围内，以减少火灾损失；防烟分区的作用是在一定时间内把建筑火灾的高温烟气控制在一定范围内，为排烟设施排出火灾初期的高温烟气创造有利条件，防止烟气蔓延。

热烟气在流动过程中会被建筑的围护结构和卷吸进来的冷空气冷却，在流动一定距离后热烟会成为冷烟而离开顶板沉降下来，这时挡烟垂壁等挡烟设施就不再起控制烟气的作用了，所以防烟分区面积不应过大，防烟分区的面积要小于防火分区，因此可以在一个防火分区内划分若干个防烟分区，防火分区的构件可作为防烟分区的边界。

（2）每个防烟分区的建筑面积应符合规范要求。设置防烟分区时，如果面积过大，会使烟气波及面积扩大，增加受灾面积，不利于安全疏散和扑救；如果面积过小，热烟气冷却沉降后挡烟设施会失去作用，同时会提高工程造价，不利于工程设计。从实际排烟效果看，防烟分区面积划分小一些为宜，这样安全性就会提高。每个防烟分区的建筑面积，应符合《建筑防烟排烟系统技术规范》的规定。如图 9-5 所示。

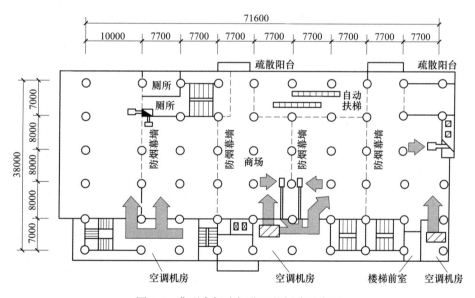

图 9-5　典型商场防烟分区的划分示意图

（3）通常应按楼层划分防烟分区。一般把建筑物中的每个楼层选作防烟分区的分隔，一个楼层可以包括一个以上的防烟分区，有些情况下，如低层建筑每层面积较小时，为节约投资，一个防烟分区可能跨越一个以上的楼层，但一般不宜超过 3 层，最多不应超过 5 层。

9.2.3.3　防烟分区的划分方法

防烟分区一般根据建筑物的种类和要求不同，可按用途、面积、楼层划分：

（1）按用途划分。对于建筑物的各个部分，按其不同的用途，如厨房、卫生间、起居室、客房及办公室等，来划分防烟分区比较合适，也较方便，国外常把高层建筑的各部分划分为居住或办公用房、走道、停车库等防烟分区，但按此种方法划分防烟分区时，注意对通风空调管道、电气配管、给水排水管道等穿墙和楼板处应用不燃烧材料填塞密实。

（2）按面积划分。在建筑物内按面积将其划分为若干个基准防烟分区，这些防烟分区在各个楼层，一般形状相同、尺寸相同、用途相同。不同形状和用途的防烟分区，其面积也宜一致。每个楼层的防烟分区可采用同一套防排烟设施。例如所有防烟分区共用一套排烟设备时，排烟风机的容量应按最大防烟分区的面积计算。

（3）按楼层划分。在高层建筑中，底层部分和上层部分的用途往往不太相同，如高层旅馆建筑，底层布置餐厅、商店和多功能厅等，上层部分多为客房。火灾统计资料表明，底层发生火灾的机会较多，火灾概率大，上部主体发生火灾的机会较小。因此，应尽可能根据房间的不同用途沿垂直方向按楼层划分防烟分区。图9-6（a）所示为典型高层旅馆防烟分区的划分示意图，该设计把底层公共设施部分和高层客房部分严格分开。图9-6（b）所示为典型高层综合楼防烟分区的划分示意图。从图中可以看出，底部商场是沿垂直方向按楼层划分防烟分区的，地上层则是沿水平方向划分防烟分区的。

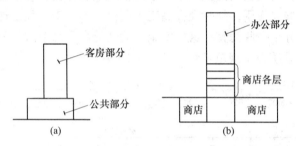

图9-6　高层建筑按方向分区示意图
（a）高层旅馆；（b）高层综合楼

9.2.3.4　防烟分区的划分构件

防烟分区的划分构件也称为挡烟设施，它们在阻挡烟气四处蔓延的同时可提高防烟区排烟口的排烟效果。通过设置挡烟设施，能够在防烟分区的顶部形成用于火灾时蓄积热烟气的局部空间，称为储烟仓。

（1）挡烟垂壁。挡烟垂壁系指用不燃材料制成，垂直安装在建筑顶棚、横梁或吊顶下，能在火灾时形成一定的蓄烟空间的挡烟分隔设施，挡烟垂壁是为了阻止烟气沿水平方向流动的挡烟构件，其有效高度不小于500mm。挡烟垂壁可分固定式和活动式，如图9-7和图9-8所示。

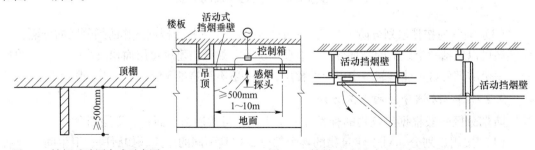

图9-7　挡烟垂壁固定式示意图　　　　图9-8　挡烟垂壁活动式示意图

（2）挡烟隔墙。从挡烟效果看，挡烟隔墙比挡烟垂壁的效果好，如图 9-9 所示。因此，在安全区域宜采用挡烟隔墙，建筑内的挡烟隔墙应砌至梁板底部，且不宜留有缝隙。

（3）挡烟梁。有条件的建筑物，可利用钢筋混凝土梁或钢梁进行挡烟。挡烟梁作为顶棚构造的一个组成部分，其高度应超过挡烟垂壁的有效高度，如图 9-10（a）所示；当挡烟梁的下垂高度小于 500mm 时，可以在梁底增加适当高度的挡烟垂壁，以加强挡烟效果，如图 9-10（b）所示。

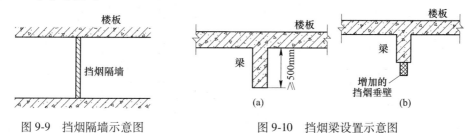

图 9-9　挡烟隔墙示意图　　　　　图 9-10　挡烟梁设置示意图

9.2.4 自然排烟系统

自然排烟是一种排烟方式，其利用火灾热烟气流的浮力和外部风压作用，通过建筑开口（如门、窗、阳台等）或排烟竖井将建筑物内的烟气直接排至室外。自然排烟方式主要有：

（1）房间和走道可利用直接对外开启的窗或专为排烟设置的自然排烟口进行自然排烟，如图 9-11（a）所示。

（2）无窗房间的走道或前室可用上部的排烟口接入专用的排烟竖井进行自然排烟，如图 9-11（b）所示。

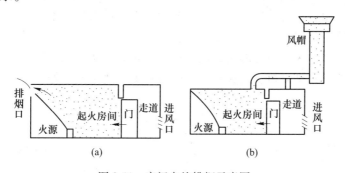

图 9-11　房间自然排烟示意图

9.2.5 机械排烟系统

机械排烟系统由排烟机、排烟口及排烟管道等机械排烟设施组成，通过机械方式将房间、走道等空间的火灾烟气排至建筑物外。一个设计优良的机械排烟系统在火灾时不但能排出大量的烟，还能够排出大量的热量，使火灾温度大大降低，从而对人员安全疏散和火灾的扑救起到重要的作用。

9.2.5.1 机械排烟方式

机械排烟可分为局部排烟和集中排烟两种方式。

局部排烟方式是在每个需要排烟的部位设置独立的排烟风机直接进行排烟,如图 9-12(a)所示。局部排烟方式投资大,而且排烟风机分散,维修管理麻烦,费用也高,故这种方式只使用于不能设置竖直烟道的场合或旧式建筑物的防排烟技术改造中。

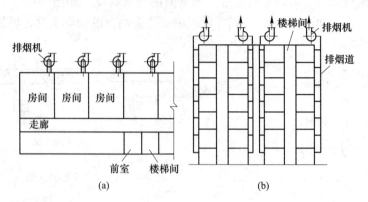

图 9-12　机械排烟方式

(a)局部机械排烟方式;(b)集中机械排烟方式

集中排烟方式是将建筑物划分为若干个系统,在每个系统内设置排烟风机,系统内的各个房间的烟气通过排烟口进入排烟管道引入排烟机直接排至室外,如图 9-12(b)所示。这种排烟方式已成为目前普遍采用的机械排烟方式。

9.2.5.2　机械排烟系统组成

机械排烟系统是由挡烟构件(活动式或固定式挡烟垂壁、挡烟隔墙、挡烟梁等)、排烟口(阀)、排烟防火阀、排烟管道、排烟风机和排烟出口组成,如图 9-13 所示。当建筑物内发生火灾时,由火灾自动报警系统联动控制或由火场人员手动控制,开启活动的挡烟垂壁使其降落至规定位置,将烟气控制在发生火灾的防烟分区内,并打开相应的排烟口,同时关闭空调系统和送风管道内的防火调节阀,防止烟气从空调、通风系统蔓延到其他非着火房间,然后启动排烟风机,将火灾烟气通过排烟管道排至室外。

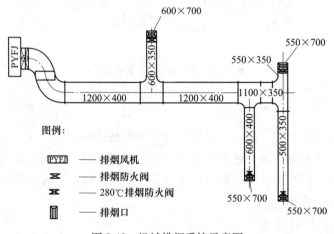

图 9-13　机械排烟系统示意图

9.3 建筑排烟系统主要部件

9.3.1 机械加压送风系统主要组成部件

机械加压送风系统是依靠机械力的作用，向建筑内部的防烟楼梯间、前室或避难层等区域送入新鲜空气，从而形成正压，防止火灾烟气侵入的系统，该系统主要由加压送风机、送风口、送风管道、进风口、余压阀、风机控制箱、配电箱等部件组成。

9.3.1.1 加压送风机

机械加压送风系统中，最重要的组件即加压送风机，常见的加压送风机包括轴流风机和离心机。如图 9-14 和图 9-15 所示。

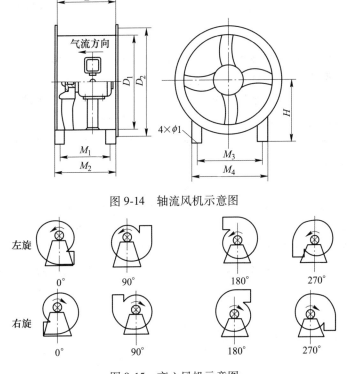

图 9-14 轴流风机示意图

图 9-15 离心风机示意图

9.3.1.2 加压送风口（阀）

加压送风口是设置在建筑内部需要加压送风防烟部位的送风装置，根据其形式和使用部位要求的不同，可以分为常开式送风口和常闭式送风口。根据《建筑防烟排烟系统技术规范》的规定，楼梯间内一般采用自垂百叶式常开送风口，而前室、合用前室内一般采用的是常闭式送风口，如图 9-16 和图 9-17 所示。

9.3.1.3 加压送风管道

加压送风机与送风口之间，必须有送风管道相连。目前常用的加压送风管道有金属型和非金属型两种类型。

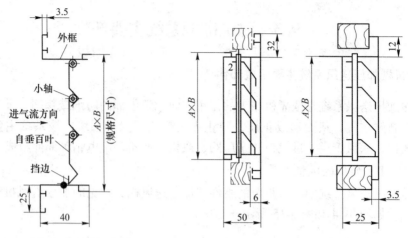

图 9-16　自垂百叶风口示意图　　　　图 9-17　常开百叶风口示意图

9.3.1.4　进风口

根据《建筑防烟排烟系统技术规范》的规定，机械加压送风系统的进风口宜直通室外，风机进风口宜设置在机械加压送风系统的下部，且应采取防止烟气侵袭的措施。进风口安装时，应尽量避免与排烟系统的出风口设置在同一层面上，必须设置在同一层面上时，送风机的进风口与排烟机的出风口应分开布置，竖向布置时，送风机进风口应设置在排烟机出风口的下方，且两者边缘的最小垂直距离不小于 3m；水平布置时，两者边缘最小水平距离不小于 10m。

9.3.1.5　余压阀

余压阀是为了维持一定的加压空间静压、实现其正压的无能耗自动控制而设置的设备，它是一个单向开启的风量调节装置，按静压差来调整开启度，用重锤的位置来平衡风压，如图 9-18 所示。在机械加压送风系统中，余压阀一般设置在楼梯间与前室和前室与走道之间的隔墙上。其目的是当机械加压送风系统向楼梯间或前室送风产生的压力过高时，空气通过余压阀进行泄放，使楼梯间和前室能维持各自适宜的正压。

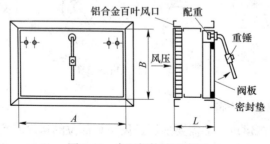

图 9-18　余压阀构造示意图

9.3.1.6　风机电控箱

风机电控箱是机械加压送风最末一级的直接控制装置，在风机控制箱上，安装有直接启动、停止风机的控制按钮，并安装有风机通电、运行状态的指示灯，能够现场控制加压送风机的启动、停止，并显示相应的通电和工作状态。

9.3.1.7 配电箱

风机的配电箱，担负着向风机控制箱供电的任务。根据《建筑设计防火规范》（GB 50016—2014）的规定，对于防烟排烟机房的消防用电设备，应在其配电线路最末一级的配电箱处设置自动切换装置。

9.3.2 自然排烟系统主要组成部件

自然排烟系统应在建筑物的房间、走廊、中庭等场所，依靠可开启外窗等自然排烟设施实现火灾时排烟的系统。自然排烟系统的主要组成部件即为自然排烟窗。

9.3.3 机械排烟系统主要组成部件

9.3.3.1 排烟风机

排烟风机是整个机械排烟系统中最重要的组成部件，是排烟系统产生动力的机构。排烟风机的主要功能是在火灾情况下及时开启，组织室内高温烟气流向室外排出，因此，要求排烟风机在高温下能够可靠连续运行，根据《建筑设计防火规范》（GB 50016—2014）的规定，消防高温排烟风机必须能够在 280℃ 的条件下连续运行 30min。

9.3.3.2 排烟口（阀）

排烟口（阀）安装在机械排烟系统各支管端部，是排烟时建筑内部火灾烟气的吸入口，平时呈关闭状态，火灾时手动或电动打开，风机开启后即可排烟。常见的有多叶排烟口和板式排烟口等，如图 9-19 和图 9-20 所示。

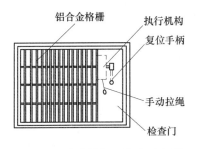

图 9-19 多叶排烟口构造示意图

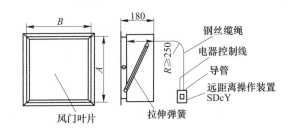

图 9-20 板式排烟口构造示意图

9.3.3.3 排烟管道

与机械加压送风系统一样，机械排烟系统的风机与排烟口之间也必须由管道相连，且排烟管道也包括金属管道和非金属管道两大类。

9.3.3.4 排烟防火阀

排烟防火阀是机械排烟系统中特有的一种阀门，这种阀门安装在排烟系统的管道中，平时呈开启状态，发生火灾后，当排烟管道内的气流温度达到 280℃ 以后，排烟防火阀在温控元件的作用下自行关闭，起到隔绝高温烟气的作用，如图 9-21 所示。

9.3.4 自动挡烟垂壁的主要部件

设置挡烟垂壁的目的是划分防烟分区、在一定时间内阻止烟气的蔓延扩散并进行排烟。挡烟垂壁有固定挡烟垂壁和自动挡烟垂壁两种类型。在建筑内部不适宜设置固定挡烟垂壁的场所，一般设置的是自动挡烟垂壁。如图9-22所示。

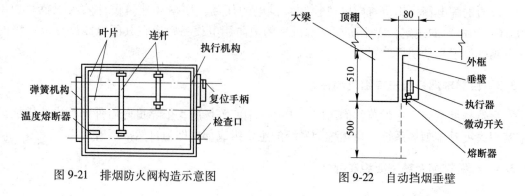

图 9-21　排烟防火阀构造示意图

图 9-22　自动挡烟垂壁

复 习 题

9-1　何谓建筑防烟系统？

9-2　简述建筑防烟系统的分类，各有何特点。

9-3　何谓建筑排烟系统？

9-4　简述建筑排烟系统的分类，各有何特点。

9-5　简述建筑排烟分区的划分原则和方法。

9-6　机械加压送风系统主要组成部件有哪些？

9-7　机械排烟系统主要组成部件有哪些？

10 地下建筑通风系统图

地下空间就是指地表以下或地层内部，开发利用地下空间就是现代化城市空间的发展，向地表下延伸，将建筑物和构筑物全部或者部分建于地表以下。城市地下商业空间就是商业和市场需要而开发建设，处于地表以下的建筑，也称地下工程，按工程建设结构分为单独地下工程和结合地面建筑修建的地下工程。地下工程的类型，基本上可以划分为7类：

（1）应付战争和灾难而修建的防护工程，主要有指挥首脑工程、战略物资储备部、地下医院、疏散干道。

（2）地下交通工程，如地铁、隧道、交通快速道。

（3）城市基础设施，如地下的过街通道、地下停车库、综合管廊等。

（4）地下物资仓储工程。

（5）商业的地产工程，如地下商业街、购物广场、娱乐广场。

（6）文化体育工程，如地下博物馆、图书馆、体育馆等。

（7）医疗卫生工程，如地下医院等。

10.1 地下建筑通风

10.1.1 地下建筑通风系统分类

通风是采用自然或机械方法，将室外新鲜空气或经过净化处理的空气送入室内，并将室内污浊空气或经消毒、除害后的废气排至室外，使室内空气品质满足卫生要求。通风系统类型是根据系统主要特征来划分的，同一种系统从不同的特征角度出发可有不同的类别归属。

（1）按空气流动的动力分类：

1）自然通风——依靠室外风力造成的风压或室内外温度造成的热压使室外新鲜空气进入室内，室内空气排到室外。一些热车间有大量余热，用通风的方法消除余热所需要的空气量大，通常是借助自然通风来实现。这种通风方式比较经济，不消耗能量，但通风效果受室外气象参数影响很大，可靠性差。

2）机械通风——依靠通风机的动力向室内送入空气或排出空气。这是一种常用的通风系统，系统工作的可靠性高，但需要消耗一定能量。

（2）按通风时机和目的分类：

1）平时通风——地下工程平时使用及维护管理时的通风，其目的在于保证工程内部的环境要求。

2）战时通风——临战状态或战争已经发生情况下的通风，其目的在于保证战时工程内部的人员工作、生存及装备正常运转的环境条件要求。

（3）按通风功能分类：

1）进风系统——将工程外部的新鲜空气送入工程内部的通风系统，战时具有防护常规武器及核、生、化武器袭击，以及对空气进行除尘、滤毒、加热、除湿等功能。

2）送风系统——将进风和回风空气进行热湿及消毒等处理，并加压送至空调区域的通风系统，具有空气品质调节功能。

3）回风系统——将空调区域空气送回空气调节设备再利用，以节约空气处理能量消耗的通风系统。

4）排风系统——将工程内部的污染空气或废气排出工程的通风系统，战时具有防护常规武器和核、生、化武器袭击的功能。

10.1.2　防护通风

防护通风是指具有防护功能的地下工程通风，在战争时期能有效地防护敌人实施的核、生和化武器（"三防"）及常规武器的袭击，确保工程内空气环境参数满足使用要求。

10.1.2.1　防护通风要求

（1）密闭性。密闭性是工程的基础，工程的各类孔口、管线通道、缝隙必须具有可靠的密封措施，以保证进入排出的空气处于有组织状态，必要时还要能使工程内外隔绝。

（2）防波消波。防止爆炸产生的冲击波沿进风口、排风口进入工程内部，消除随进、排风进入工程的冲击余压。

（3）除尘滤毒。对进风进行过滤吸收，除去放射性沾染、化学毒剂和生物战剂，将一定量的室外染毒空气处理至满足容许浓度要求。

（4）隔绝防护。在规定的隔绝时间内，通过氧气再生装置和氧气瓶供氧，保持工程内空气 O_2 浓度，并使 CO_2 浓度不超过允许值，还避免战时工程外部火灾产生的高温烟气进入工程内部。

（5）超压通风。超压是指地下室内的空气压力大于室外空气的压力，超压的目的是为了防止人员进出防空地下室时，将染毒空气带入防空地下室内部，同时可以阻止毒剂在自然压差的作用下，沿各种缝隙进入地下室内，危害室内的人员。超压分为全室超压和局部超压，如图 10-1 和图 10-2 所示。全室超压要求整个地下空间具有良好的气密性。

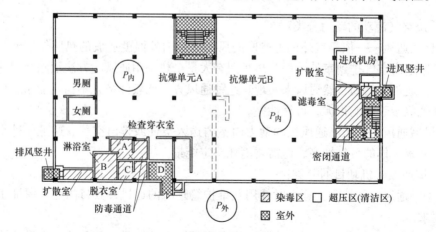

图 10-1　全室超压

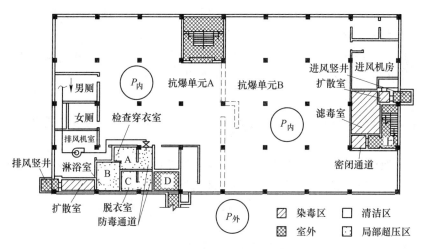

图 10-2 局部超压

（6）空气监测。能够随时监视测量工程内外空气染毒情况和正压情况。

（7）洗消。冲洗、消除工程与人员的有毒沾染物。

10.1.2.2 防护通风技术措施

为了满足防护通风系统的要求，需要采用"以堵为主，滤、排、消相结合"的综合技术措施。

堵——把有害物质堵在工程之外。除在工程出入口设置防护门、防护密闭门外，还在通风系统上设置防爆波活门和密闭阀门等措施，将核、生、化污染物及冲击波"挡"在工程之外。

滤——把有害物质从进风中滤除消灭掉。在工程内设置除尘和滤毒设备，将进入工程的外界污染空气进行处理，使污染空气中的放射性沾染、化学毒剂和生物战剂含量达到规定的安全值。

排——通过排风将带入工程内部或工程内部产生的有害物质排到工程之外。保证工程内一定的超压，并对口部防毒通道和洗消间实施排风换气，将染毒空气"稀释"至安全浓度。

消——洗消。在工程口部设置洗消设备，对进入工程内的人员、服装、武器及口部沾染区的管道、设备、房间等进行洗消。即将沾染在工程壁面、武器装备以及人员衣物上的有害物质冲洗下来，随工程排水排出工程之外。

10.1.3 防护通风方式

实现工程内部通风换气的一整套设备与管道构成通风系统。通风系统分为进风系统和排风系统。对温湿度有一定要求的工程，除了设有进风、排风系统外，还有空调送风系统和回风系统。

10.1.3.1 平时通风

防护通风分为平时通风和战时通风两种方式，每一种方式都有相应的要求。

（1）平时正常通风。平战结合的工程，平时工程正常使用，各种通风空调设备正常运转，这种通风称为平时正常通风。由于平时功能与战时功能有所不同，所以通风系统的防护设备处于待装或维护状态。临战时要采取平战转换措施。

（2）平时维护通风。战时使用、平时不使用的工程，平时每日定时运转各种通风空调设备，完成维护管理性工作，这种通风称为平时维护通风。

10.1.3.2 战时通风

工程在临战或战争状态下的通风称为战时通风。战时通风分为清洁通风、隔绝通风和滤毒通风。

（1）清洁通风。在临战或战争状态下，工程所在区域空气未受到核、生和化污染和火灾高温烟气影响，是"清洁"的，所进行的通风称为清洁通风。此时，工程出入口的门应随时关闭，进风、排风口部的防爆波活门投入使用，如图10-3所示。

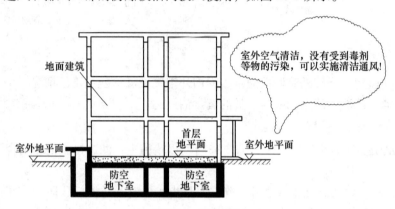

图10-3　清洁通风

（2）隔绝通风。战时工程外空气已遭受污染，在工程口部的门以及进风、排风口部各种活门和风阀已经关闭情况下，利用进风系统的回风插板阀和进风机，或者利用空调送风、回风系统实现工程内部空气循环，如图10-4所示。

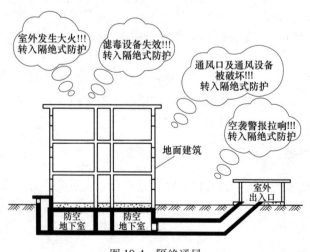

图10-4　隔绝通风

（3）滤毒通风。战时工程外空气已被核、生和化污染而又必须通风时，进风要经过除尘滤毒处理后才能送入工程内部，排风则以超压排风方式排出工程。滤毒通风又称为过滤式通风，如图 10-5 所示。

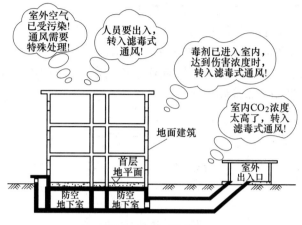

图 10-5 滤毒通风

三种防护通风方式安全的转换顺序是：清洁通风→隔绝通风→滤毒通风（或清洁通风）。当敌人实施核、生、化武器袭击后，应立即由清洁通风转入隔绝通风，待防化分队查清空气污染情况后再决定是转入滤毒通风还是转入清洁通风。

10.1.3.3 平战结合通风方式

通风方式分为平时通风和战时通风两种。平时通风打开防爆波活门门扇并使用平时通风机，战时通风使用战时通风机。风管阀门的启闭以通风流程为标准，通风流程经过的风阀打开，不经过的关闭。需要除湿时，启动除湿机，如图 10-6 所示。

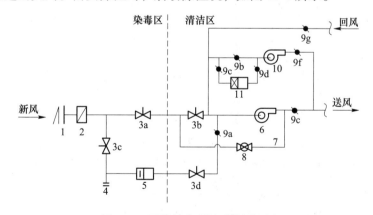

图 10-6 平战结合通风系统原理图

1—消波设施；2—油网滤尘器；3—密闭阀门；4—换气堵头；5—过滤吸收器；6—战时通风机；
7—DN25 增压管；8—球阀；9—风量调节阀；10—平时通风机；11—除湿器

10.1.4 防护通风系统

10.1.4.1 进风系统

进风系统一般由消波系统（包括进风防爆活门和扩散室）、除尘过滤室、密闭阀门、进风机和连接管等组成，其主要任务是保证在平时或战时向地下建筑内输入需要的新鲜空气量，战时有阻挡及削弱冲击波、阻止有毒空气经风道进入工程内部、滤除放射性沾染物质、杀死生物活体、吸收空气中化学毒剂等功能。

设有清洁、滤毒和隔绝三种防护通风方式的进风系统，如图 10-7（a）和（b）所示；只设有清洁和隔绝两种防护通风方式的进风系统，如图 10-7（c）所示。图 10-7（a）和（b）所示的进风系统具有滤毒通风功能，适用于有人员工程；而图 10-7（c）所示的进风系统没有滤毒通风功能，适用于某些物资库等工程。

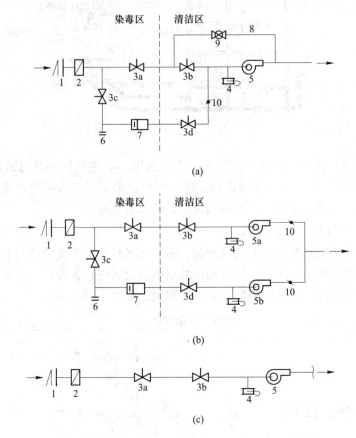

(a)

(b)

(c)

图 10-7　清洁、滤毒与隔绝通风的防护进风系统
（a）清洁与滤毒通风合用通风机；（b）清洁与滤毒通风分设通风机；
（c）清洁与隔绝通风防护进风示意图
1—消波设施；2—油网过滤器；3—密闭阀门；4—插板阀；5—通风机；
6—换气堵头；7—过滤吸收器；8—增压器；9—球阀；10—风量调节阀

10.1.4.2　送风系统

送风系统一般由送风机、消音设备、风道与回风机等组成。其主要任务是将已经处理的新鲜空气或经过内部处理的内部回风送至各房间。进风系统和送风系统可合并在一起，进风机兼作送风机。

送风、回风口形式和安装位置是送风系统设计需要考虑的主要对象，也是影响室内空气分布的主要因素之一。根据安装位置不同，送风口分为侧送风口、顶送风口（向下送）、地面风口（向上送）等。地下工程常用气流组织形式如图 10-8 所示。

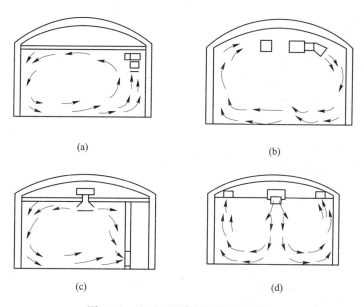

(a)   (b)

(c)   (d)

图 10-8   地下工程常用气流组织形式

（a）顶棚贴附送风；（b）壁面贴附送风；（c）散流器平送；（d）散流器下送

10.1.4.3 排风系统

排风系统应设置在工程战时人员主要出入口，由消波设施、密闭阀门、自动排气活门或防爆超压自动排气活门、洗消间、排风管和排风机组成。排风系统同样分清洁、滤毒和隔绝三种，具有防护、排风和洗消三种功能。

洗消是指消毒和消除放射性沾染，是消除敌人原子、化学和细菌武器袭击的重要措施之一。洗消间有 3 种设置形式，分别为将简易洗消设施设置于防毒通道内、设置简易洗消间和设置洗消间，如图 10-9 所示。防护排风系统清洁通风和滤毒通风的阀门操作，依据洗消间设置形式的不同而不同；隔绝通风时，密闭阀门、自动排气活门全部关闭。

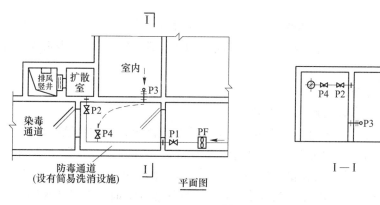

(a)

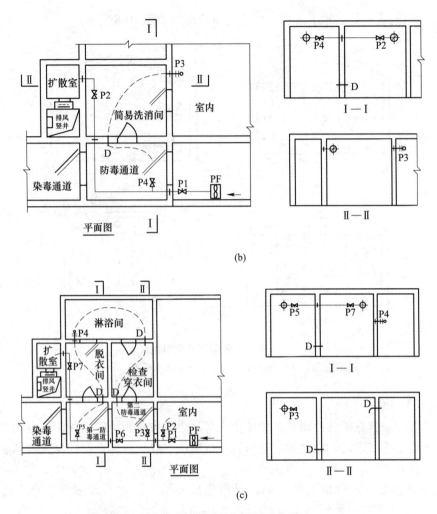

图 10-9　排风系统平面示意图

（a）简易洗消设施置于防毒通道内的排风系统；（b）设置简易洗消间的排风系统；
（c）设置洗消间的排风系统

10.1.5　通风口布置

（1）柴油机发电机组的排烟口应在室外单独设置。进风口、排风口宜在室外单独设置，供战时使用的及平战两用的进风口应采取防倒塌、防堵塞、防地表水等措施。设计时应该注意：

1）应在室外单独设置柴油机排烟口。

2）应在室外单独设置进风口和排风口。

3）柴油机排烟口、进风口、排风口设置于倒塌范围时，须按防倒塌设计。

4）附壁式室外通风口如图 10-10 所示，独立式室外通风口如图 10-11 所示。

（2）室外进风口宜设置在排风口和柴油机排烟口的上风侧，如图 10-12 所示。进风口与排风口之间的水平距离不宜小于 10m；进风口与柴油机排烟口之间的水平距离不宜小于 15m，或高差不宜小于 6m，如图 10-13 所示。

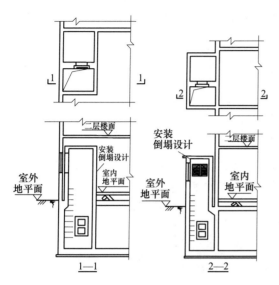
图 10-10 附壁式室外通风口

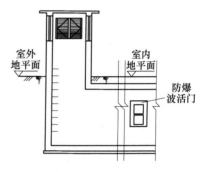
图 10-11 独立式室外通风口

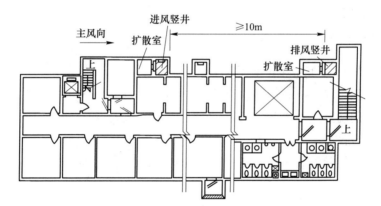
图 10-12 进风口与排风口和排烟口位置

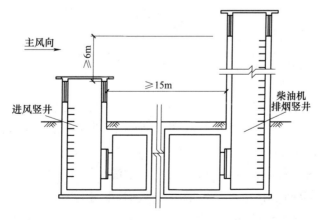
图 10-13 进风口布置与排烟口位置布置

（3）位于倒塌范围以外的室外进风口，其下缘距室外地平面的高度不宜小于0.50m；倒塌范围以内的室外进风口，其下缘距室外平面的高度不宜小于1.00m，如图10-14所示。

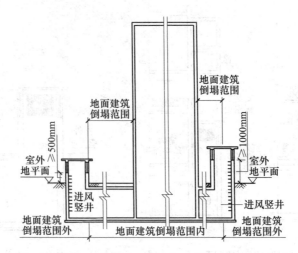

图10-14   进风口位置与地面倒塌范围

10.1.6   通风管道布置

10.1.6.1   竖井式进排风管道布置

（1）风管选用厚度2~3mm的钢板焊制，内外涂红丹漆两道。

（2）固定密闭肋选用厚度5mm带钢制作，要求与风管焊接严密。应在浇筑墙体时预埋，不得预留孔洞后安装。

（3）竖井进排风管安装如图10-15所示，图中门式悬板活动门型号按战时清洁式风量选择。

10.1.6.2   防爆超压排气活门排气管道布置

（1）图10-16所示提供了两种布置方案。方案（一）竖井在墙外，集气室在墙内；方案（二）竖井和集气室均在室外。设计时可根据实际工程选用。

（2）密闭门可根据实际工程条件选用M716或M820。

（3）防爆超压排气活门和密闭阀门的规格及数量根据实际工程清洁通风排风量确定。

10.1.6.3   穿墙风管

穿过密闭隔墙的通风管，应采取可靠的防护密闭措施，通常采用在密闭隔墙内预埋密闭短管的方法，其具体做法有两种，如图10-17所示，两种做法都要求在短管的中间位置焊接高度为50mm的密闭肋。

为便于和风管或其他设备连接，做法（一）中的短管在穿墙的两端（Ⅰ型）或一端（Ⅱ型）超出墙面100mm。做法（二）采用短管的长度与墙厚相同，为便于该短管与风管连接，在短管的两端焊接相同的密闭肋（Ⅰ型）或在短管的一端焊接相同的密闭肋（Ⅱ型）。短管的内径宜小于所需连接风管内径10~15mm。

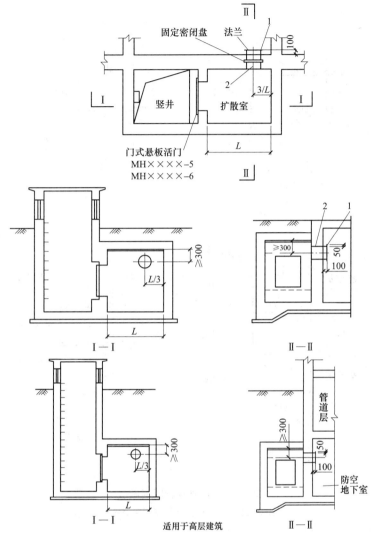

图 10-15　竖井式进排风管道安装图

1—法兰；2—风管

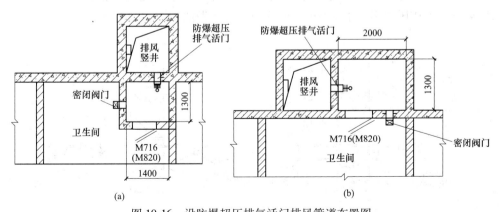

图 10-16　设防爆超压排气活门排风管道布置图

（a）通风竖井平面图方案（一）；（b）通风竖井平面图方案（二）

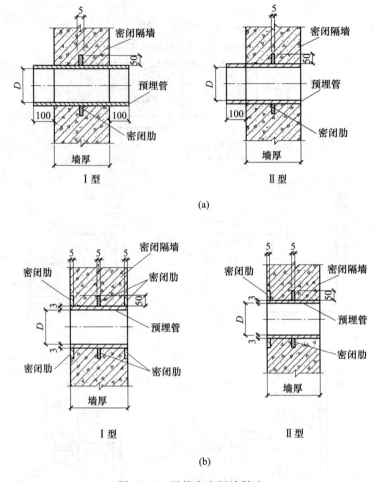

图 10-17   风管穿密闭墙做法
（a）密闭穿墙做法（一）；（b）密闭穿墙做法（二）

10.1.6.4   采暖空调水管穿密闭墙做法

采暖和空调管道，在穿过人防围护结构处应该采取可靠的防密闭措施，并应在围护结构的内侧设置工作压力不小于 1.0MPa 的阀门。具体做法如图 10-18 所示。

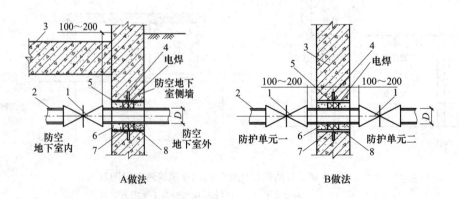

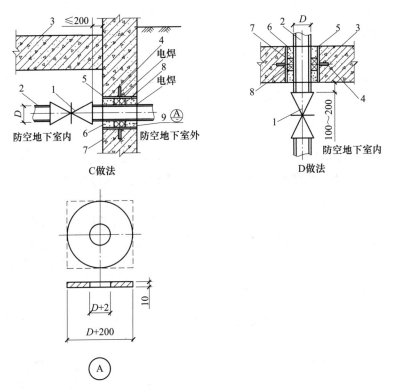

图 10-18　管道穿临空墙密闭墙做法详图

1—工作压力不小于 1.0MPa 的阀门；2—空调水穿墙管道；3—临空墙或密闭墙；
4—翼环；5—预埋钢套管；6—石棉水泥；7—挡圈；8—油麻；9—挡板

10.2　防护通风设备

防护通风设备是具有防护功能的通风设备，该设备在战争条件下能够生存并完成通风任务。防护通风系统中主要有防波消波、除尘滤毒、密闭阀门、超压测压装置、通风机和阀门等设备。

10.2.1　防波消波设备

消波设施是用来阻挡并削弱冲击波的防护设施，包括防爆波活门和扩散室。防爆波活门是冲击波到来时，能快速自动关闭阻挡冲击波的阀门；扩散室（或扩散箱）是利用扩散作用削弱冲击波压力的空间。

10.2.1.1　防爆波活门

防爆波活门是应用最为普遍的防冲击波设备，设在进风、排风和排烟系统最外端比较隐蔽的位置，起"挡波"作用，在冲击波到来时能够迅速关闭。常用的有悬板式防爆波活门和胶管式防爆波活门。

10.2.1.2　扩散室与扩散箱

（1）扩散室。是利用一个突然扩大的空间削弱冲击波的设施。冲击波通过活门漏入扩散室时，由于空间的突然扩大而压力降低。扩散室的通风连接管在侧墙上时应设在后 1/3 处，在后墙上时应设有弯头。

（2）扩散箱。消波原理与扩散室相同。扩散箱是根据《人民防空地下室设计规范》的要求，用厚度不小于 3mm 的钢板制作的，与悬板活门配合组成防波消波系统。扩散箱平时可不安装，临战再装，安装速度快，不占用地下室平时的使用面积。

10.2.2　LWP 型油网过滤器

LWP 型油网过滤器安装在清洁式与滤毒式通风合用的管路上，作为预滤除尘器。该过滤器平时过滤空气中较大颗粒灰尘，战时过滤粗颗粒的爆炸残余物。

当含尘空气通过波纹状铁丝网过滤层时，气流受到层层铁丝网的阻挡，在网格内曲折地向前流动。当气流改变流动方向时，尘粒由于具有一定的惯性而脱离流线，碰撞到浸有黏性油（20 号或 10 号机油）的金属网上被粘住，留在过滤器中。沿着气流方向，铁丝网层网孔孔径依次减小，可以使灰尘均匀地分布在各层铁丝网中，提高容尘量。

10.2.3　过滤吸收器

过滤吸收器作用是进一步过滤吸收工程进风中的化学毒剂、细菌和核战剂，与前述粗滤器、除尘器相互配合使用，用于工程集体防护。

（1）SR 型过滤吸收器。过滤吸收器有多种型号，SR 型过滤吸收器目前得到广泛应用。SR 型过滤吸收器有 SR78-300，SR78-500 和 SR78-1000 三种型号，三种过滤器吸收器结构形式相同，只是外形尺寸不同。

（2）FLD 型过滤吸收器。FLD 型过滤吸收器根据风量不同，有 FLD-300，FLD-500 和 FLD-1000 三种型号。三种型号的过滤吸收器结构形式相同，只是外形尺寸不同。

过滤吸收器是设置在进风系统上的一种滤毒装置，通过其过滤和吸收作用可将室外的染毒空气浓度降至非致伤的程度。战时过滤吸收器的使用和拆卸时可能使周围环境染毒，故为过滤吸收器设置专门的房间。装有过滤吸收器的房间称为滤毒室，属于染毒区，如图 10-19 所示。

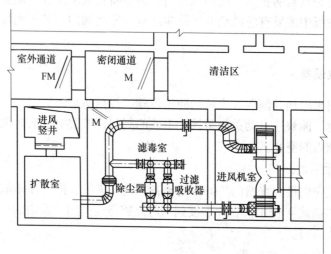

图 10-19　滤毒室布置图

10.2.4　通风密闭阀门

密闭阀门是保证通风管道密闭和防护通风方式转换的通风控制设备，只有全启、全闭两种工作状态，不能用于通风量调节。选用时，空气通过阀门的风速取 6~8m/s。

根据阀门结构，密闭阀门分为杠杆式和双连杆式。根据阀门驱动方式，密闭阀门分为手动式和手电动两用式。

（1）手动杠杆式密闭阀门。手动密闭阀门主要由壳体、阀门板、驱动装置、密封圈及锁紧装置等组成，靠旋转手柄带动转轴转动杠杆，达到阀门板启闭的目的。当关闭阀门板后，依靠锁紧装置锁紧阀门板，保证密闭不漏气。

（2）手电动两用杠杆式密闭阀门。该型号阀门主要由壳体、阀门板、手动装置、减速箱、电动装置（电动开关、行程开关、电动控制器）等零部件组成。

（3）双连杆型密闭阀门。与杠杆式密闭阀门的构造基本相似，由双连杆蝶阀及电动装置组成。主轴通过两根连杆机构带动阀门板启闭，而且主轴旋转 76°时，能使阀门板达到全开或全闭；当手柄按顺时针方向转动时，该阀门板位于关闭位置。阀门采用的梯形胶条嵌入式固定，便于拆换。

10.2.5　超压自动排气活门

自动排气活门是保证工程超压的排风活门，应用于工程排风口部。目前有 3 种常用类型：YF 型、PS 型和 FCH（FCS）型。前两种只能承受余压，后一种还可承受 0.3MPa 的冲击波压力，属于防爆型超压排气活门。

（1）YF 型自动排气活门。主要由活门外套、杠杆、活盘、重锤、偏心轮和绊闩等部分组成，活门根据排气孔径的大小分为 YF-d150 型和 YF-d200 型。滤毒式通风时，因只有机械进风，排风机不开，室内侧压力比室外侧高，室内侧空气压力作用在活盘上，带动杠杆使活门开度变化，自动调节排风量从而控制超压排风。活门的启动压力可以通过调节重锤位置来改变。当室内气压达到活门启动压力时，活盘自动开启；反之，小于启动压力时，则自动关闭，从而保证了工程一定的相值。

（2）PS 型超压排气活门。PS-D250 型超压排气活门主要由壳体、限位圈、密封圈、阀盖、扭力弹簧、手动闭锁装置、凸轮、重锤和杠杆组成。活门工作原理与 YF 型自动排气活门相同。活门安装时，需渐缩管将活门与预埋穿墙短管连接。两个活门上下垂直安装时，两中心矩应不小于 600mm。

（3）FCH 型防爆超压排气活门。主要用于防护工程的排风口部。平时处于关闭状态，当需要进行滤毒通风时，防护工程内部必须保持 30~50Pa 超压，此时超压排气活门的阀门在超压的作用下自动开启，以排除防毒通道内的毒气。当战时需要进行隔绝防护体时，将阀盖锁紧，此时超压排气活门具有防护密闭功能。

10.2.6　人力通风机

工程内战时用电不能确保时，应采用人力、电动两用通风机。人力、电动两用通风机有 F270 手摇电动两用风机、DJF-1 型电动脚踏两用风机、SR900 型电动脚踏两用风机。

（1）电动手摇两用风机。该风机有 F270-1 和 F270-2 两种规格。

（2）SR900 型电动脚踏两用风机。该风机可由两人脚踏驱动，风机有左 90°和右 90°两种。

（3）DJE-1 型电动脚踏两用风机。该风机可由四人脚踏驱动。

10.2.7　超压测压装置和监测装置

10.2.7.1　超压测压装置

滤毒通风时为了随时掌握工程内超压情况，需要在防化通信值班室设置超压测压装置。该装置可由倾斜式微压计（0～200Pa）、连接软管、钢球阀和通到室外的测压管组成和安装，如图 10-20 和图 10-21 所示。

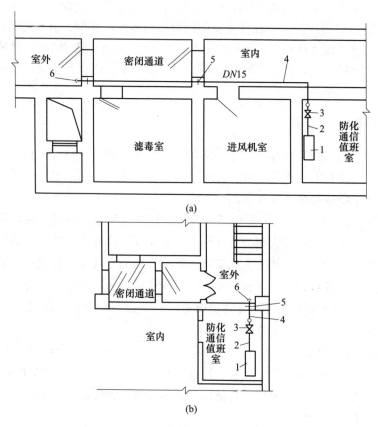

图 10-20　超压测压装置布置图

（a）超压测压装置平面布置（一）；（b）超压测压装置平面布置（二）

1—倾斜式微压计；2—橡胶软管；3—钢球阀（或旋塞阀）；4—DN15 热镀锌钢管；5—密闭肋；6—向下弯头

10.2.7.2　监测装置

设有滤毒通风的防空地下室，应在滤毒通风管路上设置取样管和测压管，当清洁式通风和滤毒式通风合用一台送风机时须设增压管。滤尘器、过滤吸收器前后压差测量采用 DN15 的热镀锌钢管制作，末端设球阀。增压管也采用 DN25 热镀锌钢管制作，入风口位

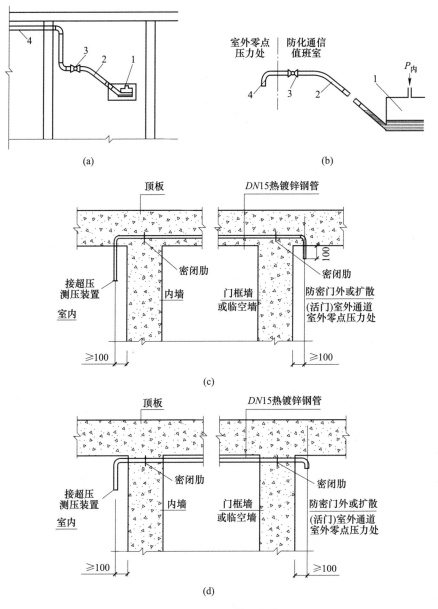

图 10-21　超压测压装置安装图

（a）超压测压装置安装图；（b）超压测压装置设置原理图；

（c）超压测压管安装图（一）；（d）超压测压管安装图（二）

1—倾斜式微压计；2—橡胶软管；3—钢球阀（或旋塞阀）；4—DN15 热镀锌钢管

于风管内侧的端口，应迎着气流方向，并位于管中心，出口端应位于风机出口气流平稳处，并设球阀，如图 10-22 所示。

在滤毒室内进入风机的总进风管上和过滤吸收器的总出风口处设置尾气监测取样管，在滤尘器进风管道上设置放射性监测取样管，取样管入风口位于风管内侧的端口应迎着气流方向，并位于管中心，如图 10-23 所示。

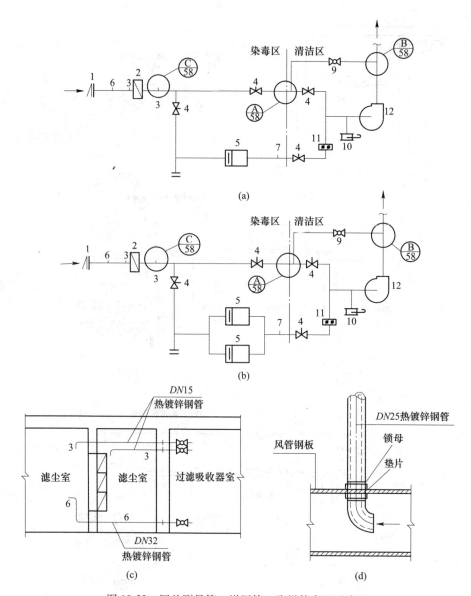

图 10-22   压差测量管、增压管、取样管布置示意图

（a）一台过滤吸收器压差测量管、增压管、取样管布置示意图；（b）两台以上过滤吸收器压差测量管、增压管、
取样管布置示意图；（c）滤尘室压差测量管、取样管布置示意图；（d）增压管与风管连接详图

1—消波设施；2—粗过滤器；3—压差测量管；4—密闭阀门；5—过滤吸收器；6—放射性监测取样器；
7—尾气监测取样器；8—增压管；9—球阀；10—插板阀；11—风量调节阀；12—通风柜

10.2.8   其他设备

10.2.8.1   诱导风机

诱导风机又称射流风机、接力风机，如图 10-24 所示。本身的风量很小，常用于车库通风系统中，搅匀、清除局部空气死角，改善局部空气。其工作原理是由以系统设计、适当布置的多台诱导风机喷嘴射出的定向高速气流，诱导室外的新鲜空气或经过处理的空

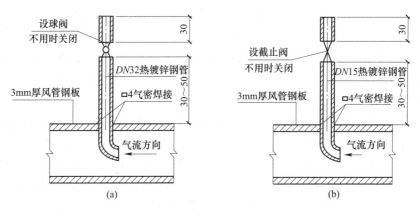

图 10-23　放射性监测、尾气监测取样管详图

（a）放射性监测取样管详图；（b）尾气监测取样管详图

气，在无风管的条件下将其送到所要求的区域，实现最佳的室内气流组织，以达到高效经济的通风换气效果。诱导风机体积小、重量轻，安装可选用悬吊或壁挂。由于其安装方便、噪声小、调节灵活等特点，已广泛应用于地下停车场、体育馆、仓库、商场、超市、娱乐场所等大型场所的通风。

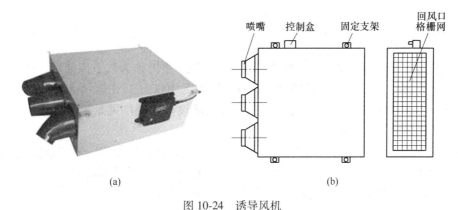

图 10-24　诱导风机

（a）某诱导风机实物图；（b）某诱导风机结构示意图

10.2.8.2　风量调节阀

用于调节风量的阀门主要是手柄式和拉链式蝶阀。其蝶网由带法兰的短管、网板轴及阀板等组成。与密闭式蝶阀相比，不仅有最大开启位置和关闭位置，而且还有不同的开启角度位置。因此，可以调节通过风管的风量大小，拉链式与手柄式可以起到同样的作用，但结构尺寸不一定相同，更换时一定要查清具体尺寸。

10.2.8.3　插板阀与止回阀

通风空调系统中还常常使用插板阀、止回阀、旁通阀等。

插板阀多用在离心式通风机进风管上，启动时关闭此阀可使离心式风机空载启动；风量调节时关小此阀可增加风管局部阻力，减少风量。插板阀通过拉出和插入风管的金属板调节风量，所以结构简单、使用方便。

止回阀由钢制阀体和两块铝制阀板及橡皮垫、密封圈组成。该阀用在只允许气流单向流过的场合,如柴油机排烟管与工程排风管共用一个扩散室时,安装在扩散室排风管道上,当工程排风机不开动时,阻止柴油机排烟倒流入工程内部;也用在柴油机排烟管上,防止排烟倒灌。

10.2.8.4　法兰及换气堵头

换气堵头一般设置在滤毒室与过滤吸收器串联的通风管道上,作为平时与战时通风交换使用的设备,接管法兰尺寸应与所连接的管道尺寸和密闭阀门的口径相匹配,短头封板必须使用胶垫。主体壁厚应为 3mm 钢板,与连接厚度为 8mm 法兰的接口处用胶垫密封。

滤毒器柔性接头和钢制法兰孔,法兰孔待安装时配钻,柔性接头采用橡胶制作。壁厚不匀度不得大于 1mm,外观检查不得有气孔、裂纹等缺陷。

10.2.8.5　地漏

战时地漏要能够防止冲击波和毒剂进入室内,地漏处于开启状态时,能保证正常排水。战时将地漏盖板逆时针旋紧后封闭地漏的排水口,能防止冲击波、毒剂进入室内,地漏的水封高度大于 50mm。

10.3　防护通风系统设计实例

10.3.1　设计说明

该实例为成都某商住楼地下车库人防通风设计图。平时作为汽车库使用,战时为 6 级二等人员遮掩部,人防建筑面积 1552m²,掩蔽面积为 1000m²。根据《人民防空地下室设计规范》(GB 50038—2005),战时二等人员掩蔽部设独立进排风系统,设置清洁、滤毒和隔绝三种通风方式。具体设计说明如下:

(1)进风系统。战时由防爆波活门、扩散室、滤尘器、手动密闭阀、过滤吸收器和送风机进风组成。清洁式通风新风量:6m³/(h·人);过滤式通风新风量:6m³/(h·人);隔绝式通风内部空气循环,隔绝防护时间 3h,$w(CO_2)<2.5\%$。

(2)排风系统。战时清洁式超压排风,利用管路经活门排向竖井;过滤式超压排风自洗消间通过防毒通道、扩散室、防爆波活门排向竖井,并保证防毒通道换气次数不小于40 次。

(3)进排风口选用的防爆波活门额定风量应大于或等于战时清洁通风量。

(4)过滤吸收器。根据滤毒通风所需的换气量并保证防毒通道 40 次/h 换气量,设计选用两台型号为 SR78-1000 过滤吸收器,上下叠放。

(5)送风机选型。根据清洁式通风所需的换风量,考虑到战时电源无保证,选用电动人力两用风机 DJF-1 两台。

(6)风管采用 GRG 型不燃无机复合管,设计厚度为:

1)风管的宽度为 1060~2000mm 时,风管的厚度采用 6.0mm;

2)风管的宽度为 500~1000mm 时,风管的厚度采用 5.0mm;

3)风管的宽度为 420~500mm 时,风管的厚度采用 4.0mm。

(7)战时滤毒,清洁管路上风机吸入口前风管和超压排风管采用 3mm 厚镀锌钢板焊制，预埋管作法，风管应有 0.5% 的坡度向室外。

（8）风管及排风机进出口应装柔性接头，风管采用法兰连接，接头应尽量避免装在梁下。

（9）当设计图中未标出测量孔位置时，安装单位应根据调试要求在适当的部位配置测量孔。

10.3.2 主要设备及图例

主要图例和设备见表 10-1 和表 10-2。

表 10-1 图例

图 例	名 称	图 例	名 称
——RX——	人防新风管	⋈	闸阀
——RS——	人防送风管	●	旋塞阀
——RP——	人防排风管	⌷	防火阀
——RH——	人防回风管	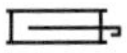 ⊏═	插板阀
——P——	测压管	∥	门式防爆波活门
 ⊢	清洁通风气流方向	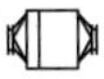 ⊲▯▷	过滤吸收器
 ⊢	滤毒通风气流方向	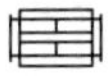 ▤	消声器
⋈	手动密闭阀门	◊	油网过滤器
 ⊢●	超压排气活门	◔	离心式风机
▬┤	换气堵头		

表 10-2 主要设备清单

进风口部					
编号	名 称	型号与规格	单位	数量	备 注
1	测压管		个	6	安装见国标 04FK02-25
2	油网过滤器	LWP-D（X）5500m³/h	台	4	安装见国标 04FK02-14
3	过滤吸收器	SR78-1000	台	1	安装见国标 04FK02-32
4	手动密闭阀门	D40J-0.5，DN500	个	2	安装见国标 04FK02-11
5	手动密闭阀门	D40J-0.5，DN300	个	2	安装见国标 04FK02-11
6	软连管		个	3	安装见国标 04FK02-34
7	换气堵头	DN300	个	1	安装见国标 04FK02-23
8	离心机				安装见国标 04FK02-29
		5700m³/h 750Pa			
		2000m³/h 1250Pa			

续表 10-2

进风口部					
编号	名　称	型号与规格	单位	数量	备　注
9	手动插板阀	DN500	个	1	
10	增压管	DN25	根	1	安装见国标 04FK02-25
11	测压装置	DN15，0~200Pa	套	1	安装见国标 04FK02-24
12	防火阀	1000×320	个	1	
13	双层百叶风口	400×120	个		

排风口部					
编号	名　称	型号与规格	单位	数量	备　注
1	手动密闭阀门	D40J-0.5，DN500	个	2	安装见国标 04FK02-11
2	手动密闭阀门	D40J-0.5，DN300	个	2	安装见国标 04FK02-11
3	超压排气活门	PS-D250	个	2	
4	单层百叶风口	400×250	个	5	
5	短管	D300	个	1	
6	防火阀	φ300	个	1	常开，70℃关闭

10.3.3　进风、排风口布置

图 10-25 所示为人防汽车库战时进风、排风口部原理图，表 10-3 为人防汽车库通风方式转换与设备操作表。

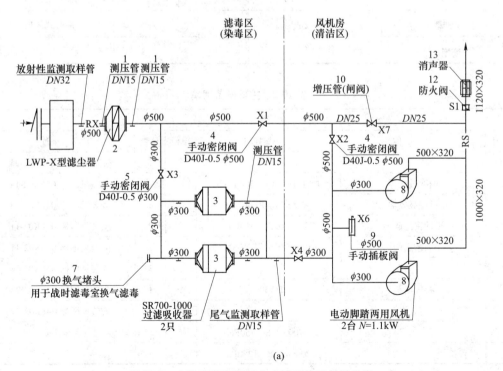

(a)

表 10-3　人防汽车库通风方式转换与设备操作表

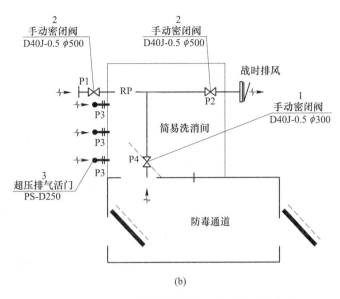

(b)

图 10-25　二等人员掩蔽部防护通风系统

（a）进风口部原理图；（b）排风口部原理图

通风方式		阀　门		风机		备注
		开	关	开	关	
战时	清洁式通风	X1，X2，S1，S2，P1，P2	X3～X7，P3，P4	SF	—	
	滤毒式通风	X3，X4，X7，S1，S2，P2～P4	X1，X2，X5，X6，P1	SF	—	
	隔绝式通风	X6，S1，S2	X1～X5，X7，P1～P4	SF	—	风机房门打开
	滤毒间换气	X4，X5，S1，S2	X1～X3，X6，X7，P1～P4	SF	—	滤毒间门打开

复习题

10-1　何谓地下建筑通风系统及分类？

10-2　何谓防护通风？

10-3　简述地下建筑防护通风的要求及其方式。

10-4　简述防护通风系统组成。

10-5　简述防护通风系统通风口和管道的布置和要求。

10-6　简述防护通风系统中防护通风设备及作用。

一、制图基本规格和几何作图

1. 练习长仿宋体

长仿宋体字例公铁路工程拱桥台墩隧道涵洞翼墙护坡房屋仓库

建筑物梁板支柱桩设计技术细部结构造标高尺寸中心轴线附注

平面图填挖方材料钢筋混凝土砖木干砌块卵石灰砂浆沥青水泥

班级　　　姓名　　　学号

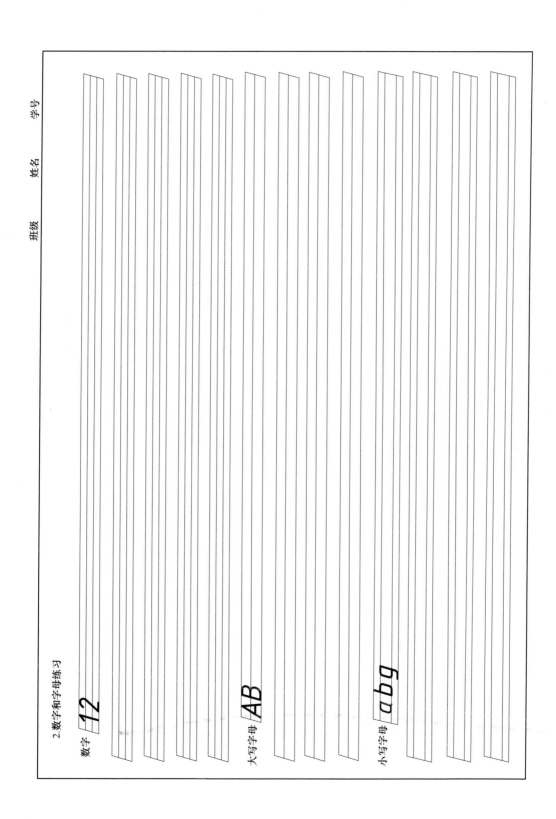

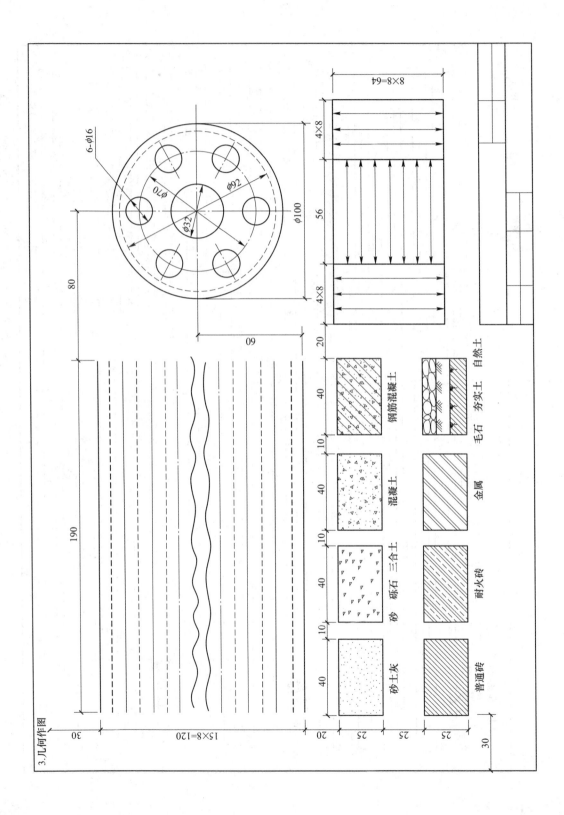

3.几何作图

二、标高投影

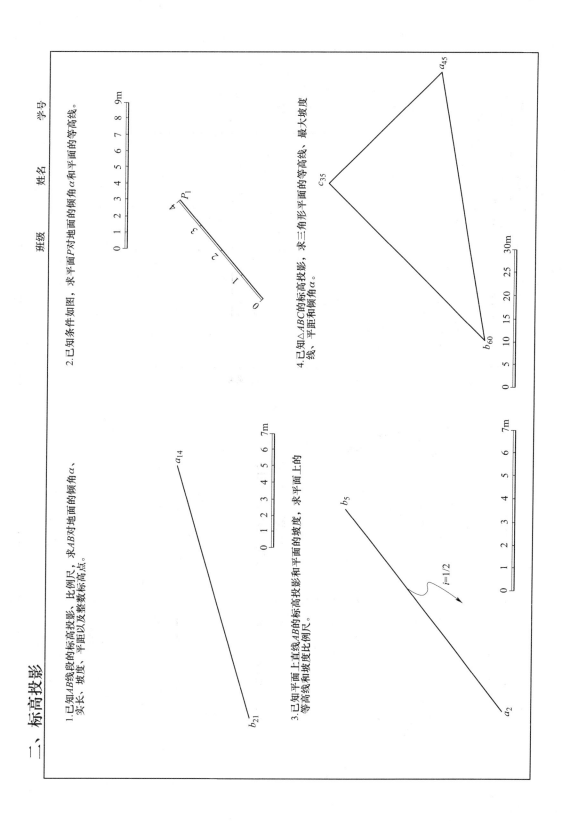

班级　　姓名　　学号

1.已知AB线段的标高投影，比例尺，求AB对地面的倾角α、实长、坡度、平距以及整数标高点。

2.已知条件如图，求平面P对地面的倾角α和平面的等高线。

3.已知平面上直线AB的标高投影和平面的坡度，求平面上的等高线和坡度比例尺。

4.已知△ABC的标高投影，求三角形平面的等高线、最大坡度线、平距和倾角α。

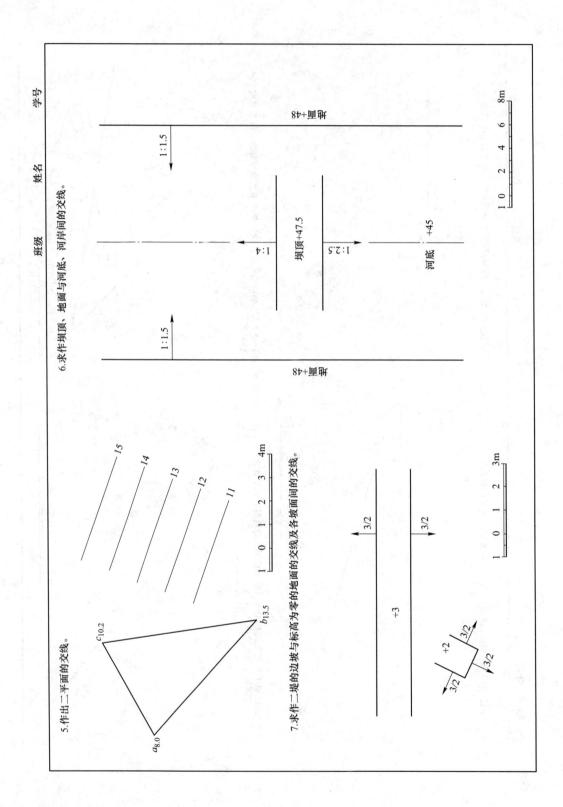

学号　姓名　班级

6.求作坝顶、地面与河底、河岸间的交线。

堤顶+48

1:1.5

坝顶+47.5

1:4　1:2.5

河底　+45

1:1.5

堤顶+48

0 2 4 6 8m

5.作出二平面的交线。

$c_{10.2}$

$b_{13.5}$

$a_{8.0}$

15
14
13
12
11

1 0 1 2 3 4m

7.求作二堤的边坡与标高为零的地面的交线及各坡面间的交线。

3/2

3/2

+3

+2　3/2

3/2　3/2

1 0 1 2 3m

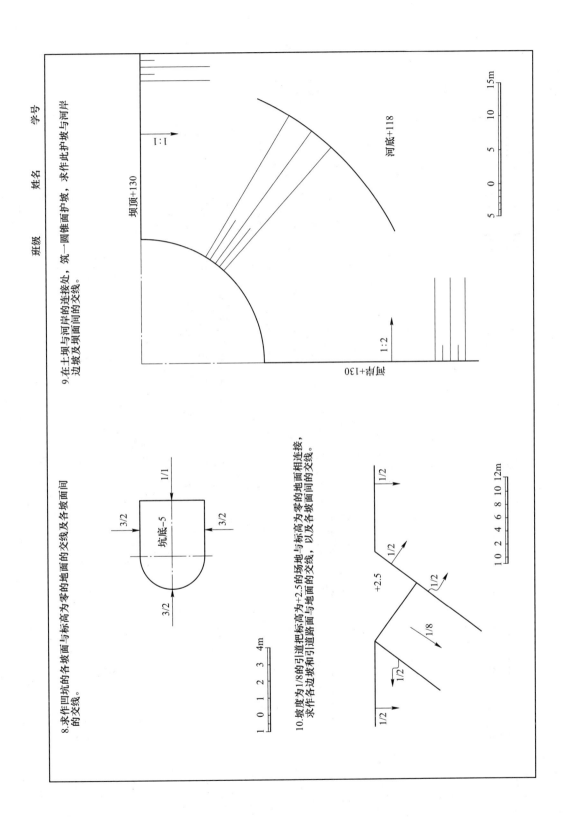

班级　　姓名　　学号

9.在土坝与河岸的连接处，筑一圆锥面护坡，求作此护坡与河岸边坡及坝面间的交线。

坝顶+130

1:1

1:2

坝肩+130

河底+118

5　0　5　10　15m

8.求作凹坑的各坡面与标高为零的地面的交线及各坡面间的交线。

坑底−5

3/2　　1/1　　3/2

3/2

1　0　1　2　3　4m

10.坡度为1/8的引道把标高为+2.5的场地与标高为零的地面相连接，求作各边坡和引道路面与地面的交线，以及各坡面间的交线。

+2.5

1/2

1/2

1/2

1/2

1/8

1/2

10　2　4　6　8　10　12m

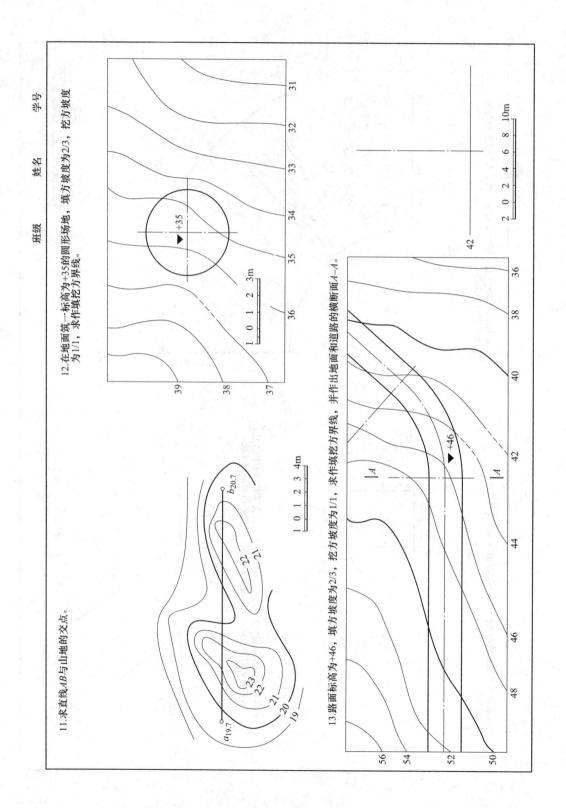

12.在地面筑一标高为+35的圆形场地，填方坡度为2/3，挖方坡度为1/1，求作填挖方界线。

11.求直线AB与山地的交点。

13.路面标高为+46，填方坡度为2/3，挖方坡度为1/1，求作填挖方界线，并作出地面和道路的横断面A—A。

三、钢结构图

1.阅读图4-10钢屋架结构详图，并把组成屋架的杆件和节点板、填板的型钢尺寸及数量填写在下表内。

杆件名称	尺寸	数量
上弦杆①		
下弦杆②		
竖杆⑥		
腹杆⑤		
腹杆③		
腹杆④		
节点板⑦		
节点板⑧		
节点板⑪		
填板⑯		
填板⑰		

2.阅读下图钢梁节点图，并把组成 A_3 节点的各杆件和拼接板、填板、节点板的型钢编号、尺寸及数量填写在下表内。

杆件名称	型钢编号	尺寸	数量
上弦杆 A_1-A_3			
上弦杆 A_3-A_3			
竖杆 E_3-A_3			
斜杆 E_2-A_3			
斜杆 A_3-E_4			
拼接板 P_2			
填板 B_3			
节点板 D_5			

3.绘制64m主桁A_3节点详图，画出主桁简图并标明所绘节点在桁架中的位置。图幅和比例自行选定。

上平纵联中LH_{10}、L_7和L_1的尺寸如下：
LH_{10}: 2∟100×100×10×5040, 1—90×10×5040
L_7: 1—345×10×940, 1—260×10×940
L_1: 2—240×12×9040

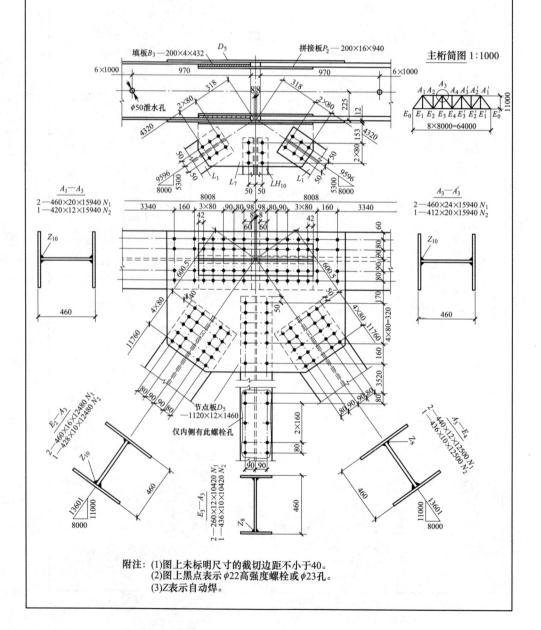

附注: (1)图上未标明尺寸的截切边距不小于40。
(2)图上黑点表示φ22高强度螺栓或φ23孔。
(3)Z表示自动焊。

四、钢筋混凝土结构图

班级　　　姓名　　　学号

1.用A3图幅竖放，绘出预制钢筋混凝土柱的钢筋布置图，并填写钢筋表，比例自选。

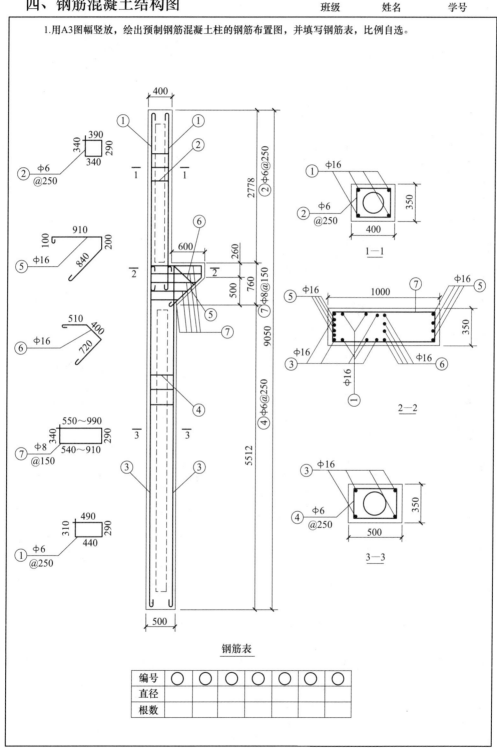

钢筋表

编号	○	○	○	○	○	○	○
直径							
根数							

2.阅读悬臂梁的配筋图,并在钢筋表中填写各号钢筋的数量。

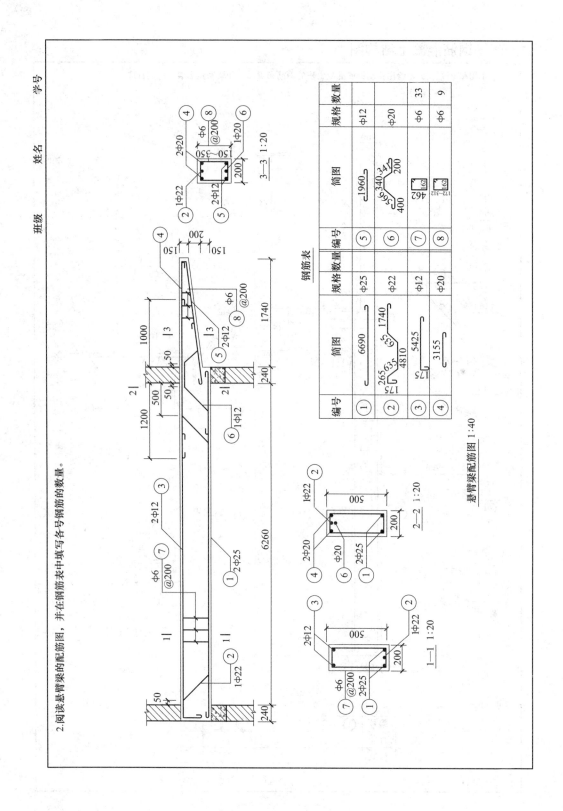

班级 _____ 姓名 _____ 学号 _____

钢筋表

编号	简图	规格数量	编号	简图	规格数量	数量
①	6690	Φ25	⑤	1960	Φ12	
②	4810 1740	Φ22	⑥	340 200 400	Φ20	
③	5425	Φ12	⑦	462	Φ6	33
④	3155	Φ20	⑧	172~312	Φ6	9

悬臂梁配筋图 1:40

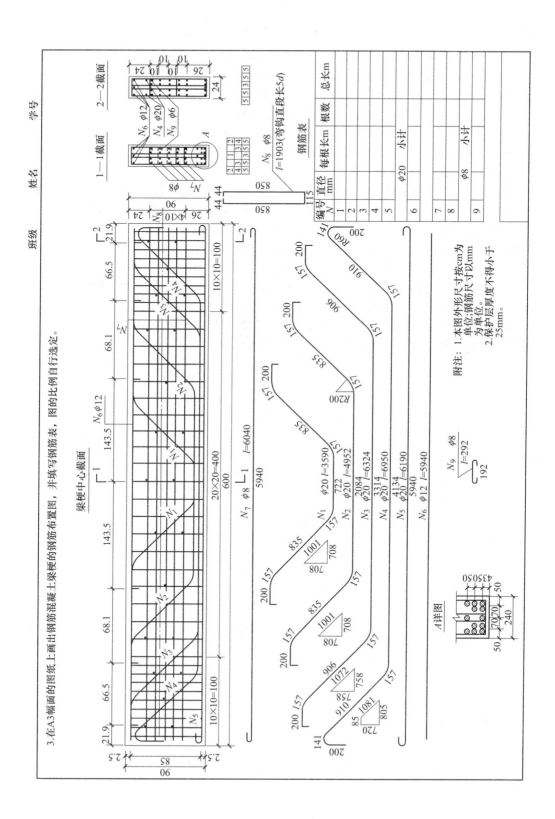

3. 在A3幅面的图纸上画出钢筋混凝土梁硬的钢筋布置图，并填写钢筋表，图的比例自行选定。

参 考 文 献

［1］宋兆全．画法几何及工程制图［M］．北京：中国铁道出版社，1996.

［2］朱福熙，等．建筑制图［M］．北京：高等教育出版社，2000.

［3］许永年，等．工程制图［M］．北京：中央广播电视大学出版社，1999.

［4］陈玉华．土建制图［M］．上海：同济大学出版社，2000.

［5］王晓东．土木工程制图［M］．北京：机械工业出版社，2017.

［6］金适．环境工程制图［M］．北京：中国环境科学出版社，2004.

［7］胡传鼎．通风除尘设备手册［M］．北京：化学工业出版社，2003.

［8］秦树和，秦渝．管道工程识图与施工工艺［M］．重庆：重庆大学出版社，2010.

［9］王学谦，景绒，陈南．建筑防火设计手册［M］．北京：中国建筑工业出版社，2015.

［10］郭树林，孙英男．建筑消防工程设计手册［M］．北京：中国建筑工业出版社，2012.

［11］王汉青．通风工程［M］．北京：机械工业出版社，2018.

［12］刘顺波．地下工程通风与空气调节［M］．西安：西北工业大学出版社，2015.

［13］胡汉华，吴超，李茂楠．地下工程通风与空调［M］．长沙：中南大学出版社，2005.

［14］马吉民．人民防空工程通风空调设计［M］．北京：中国计划出版社，2006.

［15］中华人民共和国国家标准《人民防空地下室设计规范》（GB 50038—2005）．

［16］张杭君．环境工程制图［M］．北京：化学工业出版社，2017.